Transaktions-Analyse

von

Diplom-Psychologe
Rolf Rüttinger
München

9., überarbeitete Auflage 2005

Mit 15 Abbildungen und Tabellen

Verlag Recht und Wirtschaft GmbH
Frankfurt am Main

Bibliografische Information Der Deutschen Bibliothek

Die Deutsche Bibliothek verzeichnet diese Publikation in der Deutschen Nationalbibliografie; detaillierte bibliografische Daten sind im Internet über http://dnb.ddb.de abrufbar.

ISBN 3-8005-7319-9

© 2005 Verlag Recht und Wirtschaft GmbH, Frankfurt am Main
Das Werk einschließlich aller seiner Teile ist urheberrechtlich geschützt. Jede Verwertung außerhalb der engen Grenzen des Urheberrechtsgesetzes ist ohne Zustimmung des Verlages unzulässig und strafbar. Das gilt insbesondere für Vervielfältigungen, Bearbeitungen, Übersetzungen, Mikroverfilmungen und die Einspeicherung und Verarbeitung in elektronischen Systemen.

Satz: Lichtsatz Michael Glaese GmbH, 69502 Hemsbach

Druck und Verarbeitung: Progressdruck GmbH, 67327 Speyer

Umschlagentwurf: Rainer Schmitt, 68199 Mannheim

∞ Gedruckt auf säurefreiem, alterungsbeständigem Papier, hergestellt aus chlorfrei gebleichtem Zellstoff (TCF-Norm)

Printed in Germany

Vorwort zur 8. Auflage

Daß dieses Heft zur Führungspsychologie nach 21 Jahren in einer 8. Auflage erscheint, macht es fast zu einem kleinen Klassiker, was den Autor natürlich freut, aber auch überrascht. Denn in der Zwischenzeit haben andere kraftvolle psychologische Methoden wie z. B. das NLP (Neuro-linguistisches Programmieren) eine weite Verbreitung in Deutschland gefunden. Warum ist die über 30 Jahre alte Transaktionsanalyse (TA) immer noch aktuell, um Bewußtsein und Verhalten zu klären und zu beeinflussen?

Gemäß dem Motto „TA is simple but not easy" (TA ist einfach zu verstehen, aber schwer umzusetzen), bietet TA einiges, das jenseits kurzlebiger Modegags die Zeiten offenbar überdauert:

- Die Einfachheit der Visualisierungen: TA bringt komplexe Zusammenhänge auf einen einfachen grafischen Nenner. Man denke z. B. an die Darstellung der Ich-Zustände in Form von Schneemännchen, wobei man sie im Sinne eines Egogramms auch noch mit unterschiedlich dicken Bäuchen zeichnen kann. Genialisch einfach ist auch die Darstellung der Transaktionen bzw. der Kommunikationsmuster, wie sie sich im Austausch zwischen den Ich-Zuständen ergeben. Mit wenigen Strichen läßt sich visualisieren, was in einem Gespräch offen und verdeckt abläuft. Oder das Drama-Dreieck mit seinen drei nicht produktiven Rollen wie Opfer, Retter und Verfolger, das an grafischer Klarheit nicht zu überbieten ist.
- Der Schlichtheit der Visualisierungen entspricht auf semantischer Ebene die Einfachheit des Begriffsapparats. Das stark erklärungsbedürftige „Es" bei *Sigmund Freud* wird bei der TA bzw. bei *Eric Berne* zum Kind-Ich mit seinen Ausprägungen „natürlich" bzw. „frei", „angepaßt", „rebellisch" und dem intuitiv-schlau meist richtig entscheidenden „kleinen Professor". Was muß ich z. B. als Trainer hier noch groß erklären, was mit Kind gemeint ist?
- Bei TA sollte man nicht von der Verpackung auf den Inhalt schließen. Im Sinne von Aha-Erlebnissen bietet diese Methode realistische und dramatische Einsichten in das Funktionieren der eigenen Psyche und das daraus resultierende Verhalten. Wer z. B. bei sich selbst das blindwütige Agieren des Antreibers „Sei perfekt" reali-

siert hat und zunehmend spürt, wie dieser Antreiber zu Selbstsabotage führt, der dürfte einige Zeit brauchen, um das zu verdauen und konstruktive Verhaltensalternativen zu entwickeln.

Inhalte der TA können zur zweiten Natur bzw. zum zweiten Programm werden, das in unserem Bewußtsein mitläuft und uns hilft, sich bewußter und stärker zielgerichtet zu verhalten. Von daher ist die TA ein Diamant, der ständig poliert werden muß, damit er seine Leuchtkraft behält. Nach wie vor ist TA eine der faszinierendsten Methoden, das Innenleben von Menschen, ihr Verhalten nach außen und insbesondere die Art wie sie miteinander umgehen zu entschlüsseln und bewußt zu machen. Damit erfüllt die TA eine der wichtigsten Aufgaben der Humanistischen Psychologie.

Die 8. Auflage ist in den Abschnitten „Ich-Zustände", „Skript und Eltern-Botschaften" sowie „Gefühlsmaschen und psychologische Spiele" um drei neue und größere Übungen bzw. Selbsttests erweitert worden. Das Ziel ist, die Selbsterkenntnis zu stärken. Nur wer sich selbst kennt, kann sich bewußt ändern.

Pullach im Isartal, März 2001 *Rolf Rüttinger*

Vorwort zur 9. Auflage

Seit der 8. Auflage 2001 hat sich in Gesellschaft und Wirtschaft zwar Erhebliches verändert, aber nicht in puncto Transaktionsanalyse. Die Bedeutung von Stil, „soft skills" und sozialer Kompetenz für eine erfolgreiche Zusammenarbeit im Unternehmen ist erkannt. Auch das Konzept der „Antreiber" mit seinen daraus resultierenden Fehlkonditionierungen und z. T. irrealen „inneren Modellen" sowie Zwängen ist heute ein wichtiger Bestandteil jedes Selbst-Management-Programms. Nach wie vor unterstützt die TA das dynamische Wechselspiel zwischen Aktion und Reflexion. Und das ist die Basis für bewußtes, überlegtes und situatives Verhalten.

Pullach im Isartal, Februar 2005 *Rolf Rüttinger*

Inhaltsverzeichnis

Vorwort zur 8. Auflage 5
Vorwort zur 9. Auflage 6

1.	**Einführung in die Transaktions-Analyse (TA)**	9
1.1	Was TA ist bzw. nicht ist	9
1.2	Generelle Ziele von TA im Management	10
1.3	Bisherige Entwicklung der TA	13
1.4	Heutiger Stand des TA-Einsatzes im Management ...	14
1.5	Über den Umgang mit diesem Heft	15
2.	**Ich-Zustände**	17
2.1	Beispiel	17
2.2	Definition	19
2.3	Erläuterung der einzelnen Ich-Zustände	20
2.3.1	Eltern-Ich	20
2.3.2	Erwachsenen-Ich	22
2.3.3	Kind-Ich	24
2.4	Anwendungsmöglichkeiten	26
2.4.1	Egogramm	26
2.4.2	Führungsaufgaben	28
2.4.3	Angemessenes und unangemessenes Verhalten	31
2.5	Übungen	32
2.5.1	Übung „Ich-Zustands-Fragen"	32
2.5.2	Übung „Ich-Zustands-Reaktionen"	37
3.	**Skript und Eltern-Botschaften**	39
3.1	Beispiel	39
3.2	Definition	39
3.3	Kritische und unterstützende Eltern-Botschaften	40
3.4	Anwendungsmöglichkeiten	46
3.5	Übungen	47
3.5.1	Selbsttest „Antreiber"	47
3.5.2	Übung „Normen"	49
3.5.3	Übung „Rollenbuch der Organisation"	50

4.	**Transaktionen**	53
4.1	Beispiel	53
4.2	Definition	53
4.3	Transaktionsformen	53
4.4	Anwendungsmöglichkeiten	58
4.4.1	Beziehungsanalyse	58
4.4.2	Weiterführende und nicht weiterführende Transaktionen	59
4.5	Übung	60
5.	**Gefühlsmaschen und psychologische Spiele**	61
5.1	Beispiel	61
5.2	Definitionen	62
5.3	Erläuterungen	62
5.3.1	Gefühlsmaschen	62
5.3.2	Psychologische Rollen	63
5.3.3	Psychologische Spiele	66
5.4	Anwendungsmöglichkeiten	67
5.5	Übungen	69
5.5.1	Übung „Rollen"	69
5.5.2	Übung „Mein Drama-Dreieck"	72
6.	**Beachtung/Feedback**	73
6.1	Beispiel	73
6.2	Definition	75
6.3	Erläuterung	75
6.4	Anwendungsmöglichkeiten	76
6.5	Übung	77
7.	**Lebenspositionen**	79
7.1	Beispiel	79
7.2	Definition	79
7.3	Erläuterung	79
7.4	Anwendungsmöglichkeiten	82
7.5	Übung „Einstellungen"	83
8.	**Änderungsvertrag**	85
9.	**Literaturverzeichnis**	87

1. Einführung in die Transaktions-Analyse (TA)

1.1 Was TA ist bzw. nicht ist

TA ist

– eine Methode der humanistischen Psychologie, die hilft und dazu anregt, sich mit dem eigenen Verhalten und den damit verbundenen eigenen Normen, Erfahrungen und Gefühlen auseinanderzusetzen, und zwar druck- und bestrafungsfrei,
– ein Weg, um produktive Beziehungen zu anderen aufzubauen,
– veränderungs- und ergebnisorientiert. Trotz des Begriffs „Analyse" im Namen, zielt die TA auf eine bewußte Veränderung im Verhalten gegenüber sich selbst und anderen ab,
– Alternativen-orientiert. Über eingefahrene Verhaltensmechanismen wie Kampf und Flucht hinaus ermutigt die TA dazu, kritische Situationen objektiv zu klären, neue Verhaltensalternativen zu erkennen, diese Alternativen in der Praxis auszuprobieren und sich zunehmend bewußter zu verhalten,
– ein Hilfsmittel, sich autonomer zu verhalten, d.h. freier von äußeren und inneren Zwängen,
– letzten Endes eine Chance für alle, die neue, schnellere und erfolgreiche Wege suchen, um die Anerkennung, Beachtung und Zuwendung zu bekommen, die sie zum Überleben brauchen.

TA ist nicht

– Gruppendynamik oder eine Form des Sensitivity Trainings. Feedback über das eigene Verhalten bzw. zu wissen, wie ich auf andere wirke, als Folge ggf. verletzte Gefühle und Angst vor Bloßstellung, werden nicht als Ausgangsbasis für Einstellungs- und Verhaltensänderungen angesehen,
– ein Instrument zum Manipulieren anderer. TA macht bewußt, wie leicht man durch sich selbst und von anderen manipuliert werden kann, wie man andere meist unbewußt manipuliert. Ansonsten ist es mit der TA wie mit einem Auto, mit dem ich Leben retten kann, wenn ich einen Verletzten schnell zum Krankenhaus fahre, oder mit dem ich Leben zerstören kann, wenn ich einen Fußgänger überfahre,

- etwas, was ich anwenden kann, ohne mich selbst zu ändern,
- eine kurzlebige Modeerscheinung. TA gibt es seit ca. 30 Jahren,
- so leicht umzusetzen, wie sie zu verstehen ist. „TA is simple but not easy" (*Dorothy Jongeward*).

1.2 Generelle Ziele von TA im Management

Lapidar ausgedrückt, hat die TA zum Ziel zu erkennen, wann ich mir selbst im Wege stehe – eine Fähigkeit, die im Deutschen gern als „Charakter" bezeichnet wird –, um daraus realistische Konsequenzen zu ziehen.

Um mehr dem Sprachgebrauch der humanistischen Psychologie zu folgen – eine deren Methoden die TA ist –, bedeutet das

- erkennen, warum ich so bin, wie ich bin;
- mich daraufhin allmählich bewußter mir selbst und anderen gegenüber zu verhalten
- mit dem Ziel, autonomer zu werden, d. h. freier von inneren und äußeren Zwängen.

Hinter dieser leicht blumigen psychologischen Prosa verbergen sich ziemlich konkrete Zielsetzungen im einzelnen:

Selbsterkenntnis

- Was treibt mich an, welche Wertvorstellungen habe ich, welche Normen habe ich daraus abgeleitet?
- Decken sich diese eher vorbewußten Zielvorstellungen wirklich mit dem, was ich tatsächlich will?
- Wann behindern mich diese Normen, wann schränken sie meine Fähigkeit ein, mich mit dem, was ist, realistisch auseinanderzusetzen?

Wertvorstellungen, Prinzipien und Normen beeinflussen in häufig wenig bewußter Weise das Verhalten. Hinter der Unfähigkeit, die Tatsache zu akzeptieren, daß Mitarbeiter Fehler machen, kann bei der Führungskraft die Norm stehen „Sei perfekt" oder „Mach' nie einen Fehler". Diese Norm erschwert es natürlich, sich mit einem Fehler so auseinanderzusetzen, daß der Mitarbeiter dabei etwas lernt. Wesentlich wahrscheinlicher ist eine Zurechtweisung mit dem Tenor, „daß dieser Fehler nie mehr vorkommen darf, sonst ...".

Individuelle Normen können darüber hinaus vom Wertsystem des Unternehmens überlagert werden:
- Wofür wird man in einer Organisation belohnt, wofür bestraft?
- Was tut man als Mitglied einer Organisation, was läßt man besser bleiben?

Unabhängig davon, ob es sich um eine individuelle oder eine organisatorische Form handelt, stellt sich die Frage: „Was will ich oder was wollen wir wirklich?" oder „Stimmt das Wertsystem, nach dem wir bisher gehandelt haben, tatsächlich mit dem überein, was wir eigentlich wollen bzw. brauchen?"

Bewußteres Verhalten
- Welche meiner Verhaltensweisen sind weiterführend, welche nicht?
- Welcher innere Dialog geht den Verhaltensweisen voraus, mit denen ich keinen Erfolg habe?
- Wie hoch ist der Anteil meiner bewußten Entscheidungen?
- Was spielt sich in Gesprächen tatsächlich ab?
- Wie lege ich mich unbewußt herein: Wie werde ich von anderen hereingelegt?

Nur Teile unseres Verhaltens sind uns in dem Sinne bewußt, daß dahinter eine überlegte Entscheidung steht. Eingefahrene Verhaltensmuster haben natürlich ihre Vorteile, denn sie entlasten uns. Ziel der TA in diesem Zusammenhang ist es, dort automatisiertes Verhalten abzubauen, wo wir uns damit selbst schaden. So reagiert z.B. jemand auf die übermäßig knappen Terminstellungen seines Vorgesetzten grundsätzlich mit Anpassung. Im selben Augenblick, in dem er einen Termin zusagt, realisiert er, daß der Termin kaum einzuhalten sein wird; und wenn, dann nur durch Überstunden. In der Phantasie des Mitarbeiters sind Terminstellungen des Vorgesetzten etwas Endgültiges. Ob die Termine tatsächlich so knapp sind oder ob der Vorgesetzte seinerseits bewußt mit einem Zeitpuffer arbeitet, wird der Mitarbeiter so lange nicht erfahren, solange er nicht nach dem Grund für den knappen Termin fragt oder um mehr Zeit bittet.

TA kann dabei helfen, sich in diesen Situationen bewußter zu verhalten, d.h. sich besser auf das Hier und Jetzt zu konzentrieren.

Autonomie

- Inwieweit ist mein Verhalten bewußt selbstgesteuert, inwieweit fremdgesteuert?
- Wie ergeht es mir dabei? Wie sehen die Konsequenzen aus meinem Verhalten aus?
- In welchen Fällen kann ich mich realistisch ändern, wenn ich das wirklich will?
- Welche Alternativen habe ich?
- Wie und wann kann ich diese Alternativen ausprobieren und trainieren?

Ob ich über mein Handeln selbst entscheide oder andere für mich entscheiden lasse, macht in einem Punkt keinen Unterschied, nämlich im Hinblick auf die Konsequenzen, die ich in jedem Falle selbst zu tragen habe. Erklärt sich ein Mitarbeiter z. B. unter Druck seines Vorgesetzten mit einem Ziel einverstanden, das er selbst unausgesprochen für nicht erreichbar hält, und er verfehlt dieses Ziel tatsächlich, dann nützt es ihm wenig, wenn er sich später damit entschuldigt, daß er aus Angst vor seinem Vorgesetzten nicht widersprochen hat.

Autonomie ist gleichbedeutend mit Selbstverantwortung, d. h. daß ich zunehmend die Verantwortung für das übernehme, was ich tue. Dem steht gegenüber ein weit verzweigtes System technischer und organisatorischer Zwänge. TA hilft in diesem Zusammenhang, den Blick für Alternativen zu schärfen. Ein Mitarbeiter kommt z. B. mit seinem Chef nicht aus. Entsprechend den eingefahrenen Verhaltensmustern Kampf oder Flucht könnte er ihm jetzt die Meinung sagen und kündigen, oder er bleibt, leidet und hofft, daß er oder sein Chef versetzt werden.

Unser Mitarbeiter hat natürlich wesentlich mehr Alternativen. Er kann sich fragen,

- welche Ursachen das schlechte Verhältnis zu seinem Chef hat,
- in welchen Situationen das Verhältnis besonders gespannt ist,
- inwieweit er selbst dem schlechten Verhältnis Vorschub leistet,
- wie er ein Gespräch mit seinem Chef suchen kann,
- wie ein derartiges Gespräch aussehen könnte,
- mit wem er das Gespräch notfalls vorher trainieren kann.

1.3 Bisherige Entwicklung der TA

Die TA als psychologische Methode wird heute fast weltweit praktiziert und weiterentwickelt. In den USA gibt es eine International Transactional Analysis Association (ITAA) mit ca. 6000 Mitgliedern. Inzwischen sind auch eine europäische und eine deutsche Vereinigung gegründet worden.

Wie andere psychologische Schulen auch, hat die TA einen genialen Vater: *Eric Berne* (1910–1970).

Berne war Arzt, Psychiater und psychoanalytisch ausgebildeter Psychotherapeut. Trotz Lehranalyse und abgeschlossener Ausbildung wurde er 1956 nicht in die psychoanalytische Vereinigung von San Francisco aufgenommen. Man beschied ihm, es in ein paar Jahren nochmals zu versuchen.

Diese Ablehnung hatte weitreichende Folgen. Denn obwohl der Einfluß der *Freud*'schen Psychoanalyse bei *Berne* immer erkennbar blieb, begann er Anfang der sechziger Jahre endgültig, seine eigene Methode, die TA, zu entwickeln. Bald entstand ein Kreis Gleichinteressierter um ihn, und es gilt heute als besonderes Markenzeichen, *Berne* noch persönlich gekannt zu haben.

Auslösendes Moment für die Entstehung der TA war die Unzufriedenheit mit dem damals üblichen Therapiebetrieb:

- Behandlungsdauer und Erfolg standen in keinem Verhältnis zueinander. Regelmäßige Sitzungen über Jahre hinweg führten lediglich dazu, daß der Patient zwar alles über sich wußte – aber sich nicht ändern konnte.
- Bei dieser Art von Therapie wechselten Vermögensteile den Besitzer, so daß sie auf einkommensstarke Bevölkerungsschichten beschränkt blieb.
- Der Patient konnte sich nicht selbst helfen, er blieb vom Therapeuten abhängig. Eine Behandlung konnte, zumindest theoretisch, nie abgeschlossen werden.

Der TA ist heute noch anzumerken, daß sie zwar eine Weiterentwicklung, aber auch eine Antwort auf die Psychoanalyse darstellt:

- Über das Therapieziel schließen in der TA Therapeut und Klient einen konkreten Vertrag.

- Schnelle, evtl. sogar dramatische Veränderungen und Fortschritte sind erwünscht.
- Ein erheblicher Teil der Therapie läuft in (kostengünstigen) Gruppen.
- Der Klient soll sich möglichst bald selbst helfen können.
- Psychologische Erklärungsmodelle in der TA sind weitgehend so angelegt, daß auch ein Laie sie in wenigen Stunden verstehen und damit umgehen kann.

Mit diesen Merkmalen wurde die TA natürlich auch schnell für die Anwendung im Management interessant.

1.4 Heutiger Stand des TA-Einsatzes im Management

Die Anwendungsmöglichkeiten der TA in der Personal- und Organisationsentwicklung sind fast unbegrenzt und sicherlich auch noch nicht ausgeschöpft. Für TA spricht:

- TA ist ein in sich weitgehend geschlossenes kognitives System. Es kommt damit, zumindest z.t., den Denk- und Lerngewohnheiten von Führungskräften entgegen.
- TA regt druck- und bestrafungsfrei dazu an, etwas für sich selbst zu tun bzw. sich zu ändern.
- TA ist über den Beruf hinaus in anderen Lebensbereichen wie Ehe, Kindererziehung, Verhalten im Straßenverkehr u.ä. umsetzbar.
- TA ist schnell und leicht zu verstehen. In England wurden z.B. TA-Programme erfolgreich für erwachsene Analphabeten durchgeführt.
- TA ist gut mit mehr traditionellen Seminarinhalten zu kombinieren.

Im deutschsprachigen Raum ist die TA heute eine etablierte Methode. Die Zahl der Anwender fixieren zu wollen, ist nicht mehr möglich. Hunderte von Firmen, Behörden, internen und externen Beratern und Trainern arbeiten mit der TA. Verfahren, die die TA ablösen könnten, sind, wie seit Jahren schon, selbst in den USA nicht in Sicht. Diese Situation wird sich möglicherweise dann ändern, wenn auch bei uns computergestützte Methoden des Verhaltenstrainings für Führungskräfte und Verkäufer auf breiter Front zur Verfügung stehen.

Die TA als Vehikel, um Verhalten bewußter zu steuern und zu gestalten, wird bevorzugt im Rahmen von Themenkomplexen wie

- Kommunikation
- Selbsterfahrung
- eigene Wirkung auf andere
- Gesprächsverhalten
- Organisationsentwicklung
- Kundenorientierung
- Motivation

eingesetzt.

Die Zielgruppen umfassen bevorzugt

- Führungskräfte
- Verkäufer
- Mitarbeiter mit Kundenkontakt
- Trainer
- ausgesuchte Stabsleute (z. B. Personalspezialisten, Controller, Revisoren u. ä.).

1.5 Über den Umgang mit diesem Heft

Dieses Heft hat zum Ziel,

- daß der Leser wesentliche (nicht alle!) Inhalte der TA kennenlernt,
- daß er nachdenklich wird,
- daß er Lust bekommt, etwas für sich zu tun – und sei es, sich ausführlicher mit TA zu beschäftigen als es durch diese Einführung möglich ist.

Dem Leser von Fachbüchern dürfte es vertraut sein, daß der Autor, aus seinem kritischen Eltern-Ich kommend (was das ist, folgt im zweiten Abschnitt), dem Leser an dieser Stelle ermahnend nahelegt, das Buch gründlich durchzuarbeiten, weil er sonst nichts davon hat oder nichts lernt. In einer ersten Anwendung der TA möchte Sie der Autor dieses Heftes stattdessen freundlich zu folgender Übung einladen:

Bevor Sie weiterlesen, suchen Sie sich einen bequemen Stuhl und lehnen Sie sich entspannt zurück. Überlegen Sie, was Sie im Augenblick fühlen und was Sie jetzt wollen.

Stellen Sie sich die folgenden Fragen. Schließen Sie die Augen, nachdem Sie eine Frage gelesen haben:
1. Was ist Ihr tatsächliches Ziel, wenn Sie dieses Heft lesen? Was wäre für Sie das bestmögliche Ergebnis?
2. Was können Sie tun, damit Sie dieses Ergebnis erreichen? Anstatt passiv zu bleiben, was können Sie aktiv unternehmen, daß sich Ihre Erwartung erfüllt?
3. Überlegen Sie sich: Was haben Sie bei ähnlichen Gelegenheiten (Lektüre eines Buches, Besuch eines Seminars u. ä.) getan, so daß für Sie bei der ganzen Sache nichts oder nicht viel herausgekommen ist? Wie haben Sie sich dabei selbst hereingelegt?
4. Welches Gefühl hatten Sie nachher? Wenn Sie dieses Gefühl öfters haben, kann das ein Hinweis für Sie sein, daß Sie auch sonst nicht das bekommen, was Sie wollen.
5. Was wollen Sie jetzt dieses Mal anders machen, damit Sie Ihr Ziel erreichen?

2. Ich-Zustände

2.1 Beispiel

Gehen wir von einer Situation aus, in die man als Führungskraft einmal kommen kann: Am Morgen eines Tages, an dem der Mitarbeiter A eine wichtige Terminarbeit fertigstellen soll, erscheint dieser in einem angeschlagenen Zustand im Büro. Er ist übermüdet, er sieht nicht gut aus, und sein Vorgesetzter vermutet, daß A in der vergangenen Nacht „versumpft" ist.

Wie kann sich jetzt die Führungskraft verhalten, wie kann sie reagieren?

Alternativen

a) „Was denken Sie sich eigentlich dabei, wenn Sie in diesem unmöglichen Zustand ausgerechnet heute hier erscheinen?"
b) „Das kann jedem einmal passieren. Möchten Sie eine Tasse Kaffee?"
c) „Ich sehe, es geht Ihnen nicht gut. Glauben Sie, daß Sie die Terminarbeit schaffen werden?"
d) „Gestern Nacht muß es ja hoch hergegangen sein. Haben Sie ein paar neue Witze gehört?"
e) Vorgesetzter sagt gar nichts.
f) „Ich glaube, das Beste für Sie wäre, wenn Sie sich nach der Terminarbeit frei nehmen würden."

Wie unterscheiden sich diese sechs Verhaltensweisen, welche Überlegungen stecken möglicherweise dahinter, wie wirken sie auf den Mitarbeiter?

a) Hier macht der Vorgesetzte dem Mitarbeiter einen deutlichen Vorwurf, er verhält sich kritisch-bestrafend. Dahinter kann unausgesprochen die Norm stehen „Zur Arbeit erscheint man ausgeschlafen und nüchtern".

Diese Maxime ist sicherlich nicht falsch, führt aber in der geschilderten Situation nicht weiter. Denn diese Zurechtweisung hat wahrscheinlich nicht zur Folge, daß es dem Mitarbeiter schlagartig besser geht.

b) Der Vorgesetzte hat Verständnis und versucht, dem Mitarbeiter zu helfen. Seine Überlegung dabei kann sein: Was nützt es jetzt, wenn ich den Mitarbeiter „zusammenstauche"? Daß sein Verhalten nicht in Ordnung ist, weiß er selbst – und ich weiß aus eigener Erfahrung, wie man sich an einem derartigen Morgen fühlt.

Dem Mitarbeiter wird dadurch wieder etwas Sicherheit gegeben. Gleichzeitig wird praktisch etwas unternommen, damit es ihm wieder besser geht.

c) Diese Reaktion ist unvoreingenommen, emotionslos und wertfrei formuliert. Durch die Frage nach der Terminarbeit erfährt der Vorgesetzte, wie Mitarbeiter A die Situation selbst sieht. Möglicherweise bekommt er eine wichtige Information, nämlich z. B. die, daß der Mitarbeiter vorgearbeitet hat und es daher mit der Terminarbeit keine Schwierigkeiten geben wird.

Der Vorgesetzte setzt sich realistisch mit dem auseinander, was ist. Der Mitarbeiter wird weder kritisiert – was im Augenblick nichts nützen würde – noch wird er aus der Verantwortung für die Terminarbeit entlassen. Der Vorgesetzte sammelt Informationen, um dann zu entscheiden, was in dieser Situation getan werden kann.

d) Der Vorgesetzte reagiert ausgesprochen kameradschaftlich und menschlich. Er faßt die Lage mehr mit Humor auf; seine Fragen nach den neuen Witzen zeigt, daß auch er von dem Spaß etwas haben will, den der Mitarbeiter vermutlich gehabt hat. Das Verhalten ist weniger das eines Vorgesetzten, sondern mehr das eines guten Kollegen.

Der Mitarbeiter wird darauf wahrscheinlich erleichtert reagieren. Die menschliche Beziehung zwischen ihm und seinem Chef stimmt nach wie vor, was eine gute Voraussetzung dafür ist, anschließend über die Terminarbeit zu sprechen.

e) Das Schweigen des Vorgesetzten kann unterschiedliche Gründe haben: Möglicherweise denkt er sich, daß es jetzt doch keinen Sinn hat, mit dem Mitarbeiter zu reden. Er geht einer evtl. Auseinandersetzung aus dem Wege; resigniert rechnet er vielleicht schon damit, daß er für den Mitarbeiter „mal wieder" die Terminarbeit erledigen muß.

Schweigen bedeutet aber nicht zwangsläufig Hilflosigkeit. „Wer saufen kann, der kann auch arbeiten. Den Mitarbeiter lasse ich jetzt erst einmal etwas zappeln und wehe, er wird mit dieser Arbeit nicht rechtzeitig fertig!"

Hilflosigkeit und verdeckte Aggression stellen keine realistische Auseinandersetzung mit der Situation dar; der Vorgesetzte bleibt passiv. Der Mitarbeiter wird verunsichert; er weiß nicht, wie er dran ist.

f) Mit einem Augenzwinkern registriert der Vorgesetzte den Zustand seines Mitarbeiters. Der Vorschlag, den er ihm macht, ist ausgesprochen listig: Er will zwar, daß die Terminarbeit erledigt wird, versucht aber gleichzeitig, ihm einen handfesten Anreiz dafür zu geben, die Sache zu erledigen. Möglicherweise geht der Mitarbeiter dankbar darauf ein.

2.2 Definition

Ich-Zustände sind Bewußtseinszustände und die damit verbundenen Verhaltensmuster, die durch

- Wertvorstellungen und Normen,
- wertfrei verarbeitete Erfahrungen und Informationen sowie
- Gefühle

ausgelöst werden.

In dem vorangegangenen Beispiel wurde deutlich, daß in unserem Vorgesetzten, bevor er auf die Situation reagierte, jeweils etwas vorging. Er befand sich in unterschiedlichen Ich-Zuständen bzw. unterschiedliche Ich-Zustände setzten sich durch:

- Bei den Reaktionen a) und b) handelte er entsprechend einer kritischen bzw. unterstützenden Norm.
- Reaktion c) diente vor allem dem Sammeln von Informationen, um eine fundierte Entscheidung treffen zu können.
- Die Reaktionen d), e) und f) waren eher emotional. Bei d) läßt der Vorgesetzte erkennen, daß für ihn die Situation nichts Tragisches an sich hat, und daß auch er seinen Spaß haben will. Reaktion e) machte deutlich, daß der Vorgesetzte unsicher war, evtl. sich zwischen mehreren Verhaltensalternativen nicht entscheiden konnte – und dann nichts tat. Reaktion f) stellt eine ziemlich eindeutige Manipulation dar. Die dahinterliegende Überlegung könnte gewesen sein „Den kriege ich schon soweit, daß er seine Terminarbeit fertig macht."

2.3 Erläuterung der einzelnen Ich-Zustände

Die Ich-Zustände sind das Erklärungsmodell der TA für die menschliche Persönlichkeit. Dabei wird davon ausgegangen, daß jeder Mensch aus drei verschiedenen Ich-Zuständen besteht, die sein Denken, Fühlen und Handeln beeinflussen.

Diese drei Ich-Zustände sind:
- das Eltern-Ich
- das Erwachsenen-Ich
- das Kind-Ich.

Man kann sich aus jedem dieser Ich-Zustände verhalten. Wenn man aus dem Eltern-Ich reagiert, verhält man sich gegenüber einem anderen so, wie es Eltern gegenüber einem Kind tun würden.

Aus dem Erwachsenen-Ich handelt man, wenn die Reaktionen begründet und überlegt sind. Verhält man sich aus dem Kind-Ich, dann reagiert man gegenüber anderen so, wie das Kinder gegenüber Erwachsenen tun.

2.3.1 Eltern-Ich

Das Eltern-Ich beinhaltet alle Aufzeichnungen von ungeprüft übernommenen Normen, Geboten und Verboten, Prinzipien und Maximen und damit zusammenhängenden Ereignissen aus der frühen Kindheit. Ein Verhalten aus dem Eltern-Ich läßt sich daher auch vergleichen mit dem Abspielen alter Tonbänder, auf dem die Normen gespeichert sind.

Diese Normen können sowohl als

       kritisch-voreingenommen,

als auch als

       fürsorglich-unterstützend

erlebt worden sein. Man spricht daher auch von einem

       kritischen Eltern-Ich

und von einem

       unterstützenden Eltern-Ich.

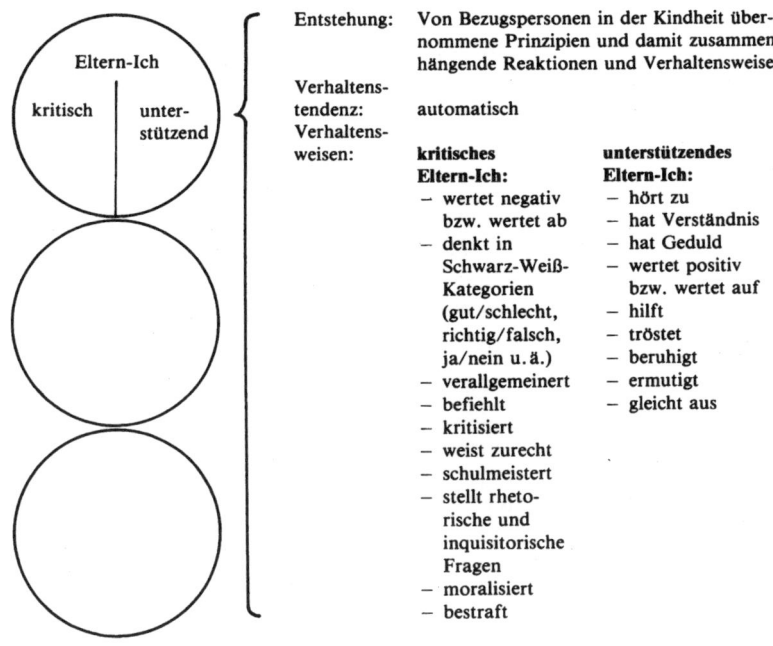

Abb. 1: Kennzeichen des Eltern-Ich

Zuerst zum *kritischen Eltern-Ich:* Es enthält unreflektierte, z. T. irrationale Wertungen und Vorurteile. Das kritische Eltern-Ich ist der Ich-Zustand, aus dem heraus wir etwas müssen, sollen oder nicht dürfen. Typische Ausdrucksformen sind:

- „Ich werde dafür sorgen, daß das nicht mehr vorkommt!"
- „Was haben Sie sich dabei eigentlich gedacht?"
- „Sie müssen immer daran denken, daß …"
- „Sie dürfen nie vergessen, daß …"
- „Wie oft habe ich Ihnen schon gesagt, daß …"

Das kritische Eltern-Ich ist vergangenheitsorientiert. Es beschäftigt sich lieber mit dem, was hätte sein sollen, als mit dem, was ist. Es handelt weitgehend nach der Maxime: „Weil nicht sein kann, was nicht sein darf". Es kann sich nicht damit abfinden, daß etwas nicht klappt, daß Menschen Fehler machen, zu spät kommen, unzuverlässig sind, die Unwahrheit sagen u. ä.

Von daher ist das kritische Eltern-Ich ein schlechter Problemlöser. Den Schuldigen zu finden ist wichtiger und befriedigender als ein Problem zu analysieren und zu lösen.

Wenn wir aus dem *unterstützenden Eltern-Ich* handeln, dann dürfen wir etwas bzw. müssen etwas nicht tun. Das unterstützende Eltern-Ich enthält eine Reihe von Normen, die uns vor größerem körperlichen oder seelischen Schaden bewahren sollen. Einem Kind gegenüber kann das die Mahnung sein, „Bohre nie mit einer Stricknadel in einer Steckdose", gegenüber einem Erwachsenen der Ratschlag, „Tue nichts, was Deine Selbstachtung untergraben könnte" oder „Lasse Dich mit niemandem ein, der nicht in Ordnung ist."

Diese gut gemeinten Normen sind zwar im Falle der Steckdosen zweifellos richtig, können aber auch das notwendige Sammeln von Erfahrungen erschweren oder blockieren, denn ob jemand in Ordnung ist, läßt sich in vielen Fällen erst feststellen, wenn man den anderen gut kennt, d. h. wenn man sich mit ihm eingelassen hat.

Das unterstützende Eltern-Ich kann sich in Redewendungen äußern wie:

- „Ich werde versuchen, das für Sie zu erledigen."
- „Kann ich Ihnen helfen?"
- „Ich werde sehen, was sich da machen läßt."
- „Es macht nichts, wenn Sie nicht mehr alle Belege finden."
- „Machen Sie sich keine Sorgen."

2.3.2 Erwachsenen-Ich

Das Erwachsenen-Ich hat nichts mit dem Alter eines Menschen zu tun. Es entwickelt sich ungefähr ab dem 5. Lebensjahr. Seine Entfaltung dauert in aller Regel an bis zum Lebensende, denn das Kind-Ich (siehe folgenden Abschnitt 2.3.3) und das Eltern-Ich bilden sich vorher und sind in vielen Fällen von ihrem Einfluß auf das Verhalten her wesentlich stärker.

Das Erwachsenen-Ich ist auf die gegenwärtige Realität (Hier und Jetzt) und das objektive Sammeln von Informationen gerichtet. Es ist anpassungsfähig und intelligent. Wie ein Computer überprüft es die gesammelten Daten, schätzt Wahrscheinlichkeiten und trifft sachliche Entscheidungen.

Typisch für das Erwachsenen-Ich ist es, daß es Fragen stellt, bevor es eine Stellungnahme abgibt:
- „Woher haben Sie diese Zahlen?"
- „Wie sind die Kosten entstanden?"
- „Wann haben wir das letzte Mal das Gerät überprüft?"
- „Was können wir jetzt unternehmen?"
- „Weshalb bzw. warum verzögert sich die Abrechnung?"

Das Erwachsenen-Ich ist nicht nur in unserem Verhalten anderen gegenüber ein guter Problemlöser, sondern es spielt bei unserer Auseinandersetzung mit unseren eigenen Ich-Zuständen die wesentliche Rolle (s. Abb. 2).

Gegenüber dem kritischen Eltern-Ich hat das Erwachsenen-Ich die Aufgabe, die dort gespeicherten überkommenen Normen daraufhin

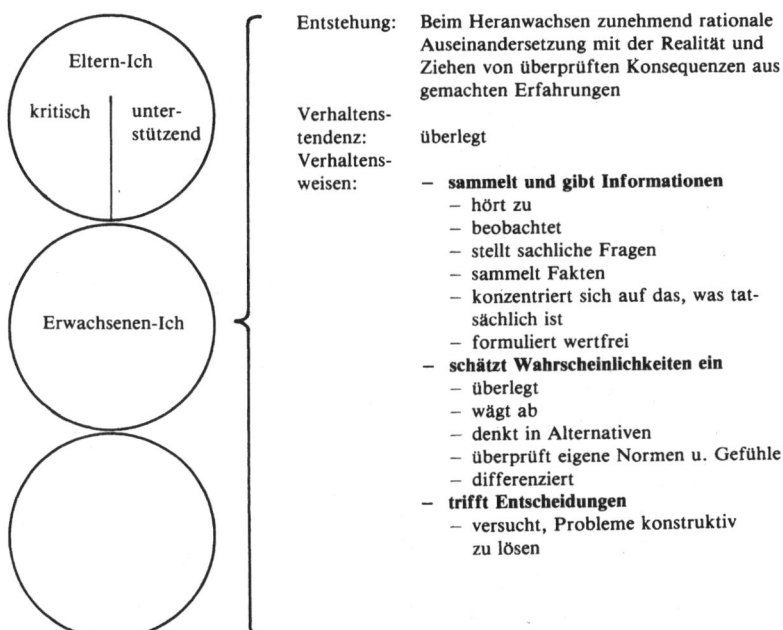

Abb. 2: Kennzeichen des Erwachsenen-Ich

zu überprüfen, ob sie der Gegenwart bzw. den augenblicklichen Interessen überhaupt noch entsprechen.

Das heißt nicht, daß das Erwachsenen-Ich z. B. die Norm „Sei pünktlich", wie es das rebellische Kind-Ich tun würde, über Bord wirft, so daß der Betreffende in Zukunft grundsätzlich zu spät kommt. Das Erwachsenen-Ich setzt sich mit dieser Norm auseinander:
- Wann lohnt es sich, unbedingt pünktlich zu sein?
- Welcher Preis muß evtl. für Pünktlichkeit bezahlt werden?
- Riskiert man evtl. einen Verkehrsunfall, um einen Termin pünktlich einzuhalten?

Zwischen dem unterstützenden Eltern-Ich und dem Erwachsenen-Ich besteht der Zusammenhang, daß das Erwachsenen-Ich überprüft, wann helfe ich einem anderen wirklich oder wann leiste ich durch meine Unterstützung nur der Unselbständigkeit oder Bequemlichkeit Vorschub.

Das Erwachsenen-Ich kann aber auch das Kind-Ich beschützen. Das natürliche Kind kann mehr Spaß haben, wenn das Erwachsenen-Ich so stark ist, daß es jederzeit eingreifen kann, um z. B. gefährlichen Leichtsinn zu vermeiden.

Gegenüber dem angepaßten Kind-Ich kann das Erwachsenen-Ich überprüfen, ob angepaßtes Verhalten in einer konkreten Situation nicht mehr schadet als nützt.

Ziel der TA ist, das Erwachsenen-Ich im Menschen so zu stärken, daß es in jeder Situation frei entscheiden kann, mit welchem Ich-Zustand er reagieren will. Durch dieses Bewußtwerden von Verhaltensalternativen wird man unabhängiger von inneren und äußeren Beeinflussungen.

2.3.3 Kind-Ich

Das Kind-Ich umfaßt alle Impulse, die ein Kind von Natur aus hat. Es enthält die Aufzeichnungen seiner frühen Erfahrungen – und zwar werden Ereignisse und die damit verbundenen Gefühle erinnert –, seine Reaktionen darauf und die Grundanschauung über sich selbst und andere. Das Kind-Ich äußert sich in Verhaltensweisen, die Kinder gewöhnlich zeigen und die später, wenn auch z. T. verfeinert, auch beim Erwachsenen auftreten.

Kinder können natürlich, angepaßt oder intuitiv richtig reagieren. Dementsprechend unterscheidet man drei Ausdrucksformen des Kind-Ich:

Natürliches Kind-Ich

Durch das natürliche Kind-Ich werden alle Gefühle, Affekte und Impulse frei, unkontrolliert und unzensiert geäußert. Wenn es etwas haben will, dann überlegt es nicht lange, sondern sagt es oder holt es sich.

Das natürliche Kind-Ich ist auch der Sitz der Vitalität, des Spaßes am Leben, an der Arbeit. Es ist der Ich-Zustand, der, weil von Anfang an da, am stärksten ist, auch wenn durch Erziehung und ähnliche Maßnahmen sehr viel unternommen wird, das natürliche Kind-Ich zu unterdrücken.

Angepaßtes Kind-Ich

Wenn jemand in diesem Ich-Zustand ist, versucht er, sich möglichst unauffällig zu benehmen und das zu tun, was man von ihm erwartet.

Das angepaßte Kind-Ich ist der Ich-Zustand in uns, der leidet, duldet, klagt, verzichtet – und der passiv bleibt, der nichts unternimmt, der wartet, der glaubt, „daß es schon gut gehen wird" oder „daß es von allein besser wird". Dieses Warten kann ein Leben lang dauern und bedeutet nichts anderes als eigentlich ein Warten auf den Tod.

Kleiner Professor

Diese direkte Übersetzung aus dem Englischen („little professor") bezeichnet einen Ich-Zustand, den man im Deutschen besser mit Begriffen wie „Schlauberger" oder „Pfiffikus" beschreibt.

Der „kleine Professor" in uns ist der Sitz des Einfühlungsvermögens, der Intuition, des schlagartigen Begreifens. Der Unterschied zum Erwachsenen-Ich besteht darin, daß der „kleine Professor" da etwas intuitiv richtig erkennt, wo das Erwachsenen-Ich analysiert und abwägt.

In aller Regel am stärksten ausgeprägt ist der „kleine Professor" bei kleinen Kindern, die sich, wenn sie etwas wollen oder nicht wollen, als Weltmeister in Manipulation und Kreativität erweisen.

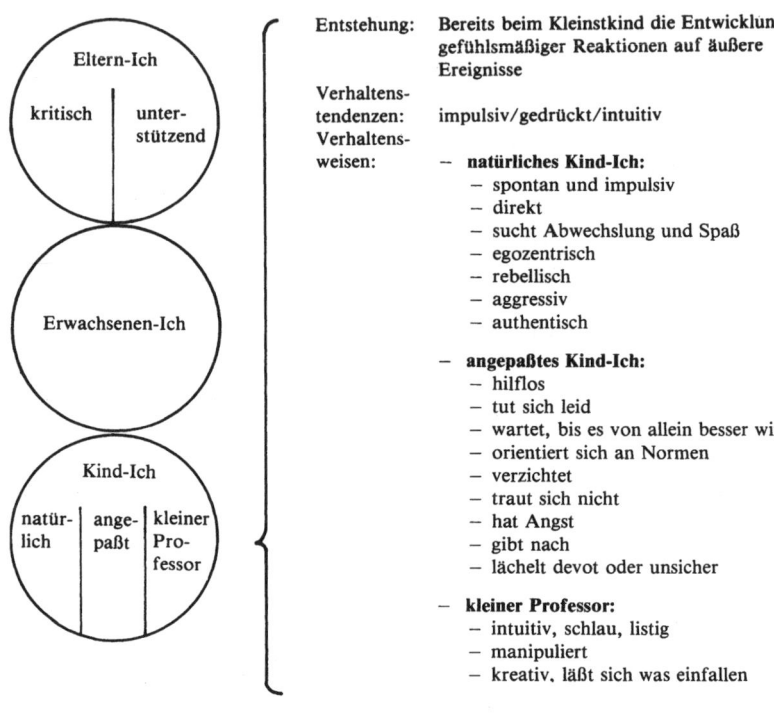

Abb. 3: Kennzeichen des Kind-Ich

2.4 Anwendungsmöglichkeiten

Wenn TA eine Führungshilfe darstellen soll, stellt sich jetzt die Frage, wie sich die Kenntnis der Ich-Zustände in der Führungspraxis umsetzen läßt. Aus den vielen Umsetzungsmöglichkeiten seien nachfolgend exemplarisch einige herausgestellt.

2.4.1 Egogramm

Aus welchen Ich-Zuständen heraus führe ich, welche Ich-Zustände peile bzw. spreche ich im Mitarbeiter damit an?

Aus Selbsttests, an denen ca. 1000 Führungskräfte teilgenommen haben, ist bekannt, daß sich bei der Auswertung der Frage, mit welcher

Häufigkeit wird aus welchen Ich-Zuständen reagiert, im Durchschnitt folgendes Egogramm ergibt:

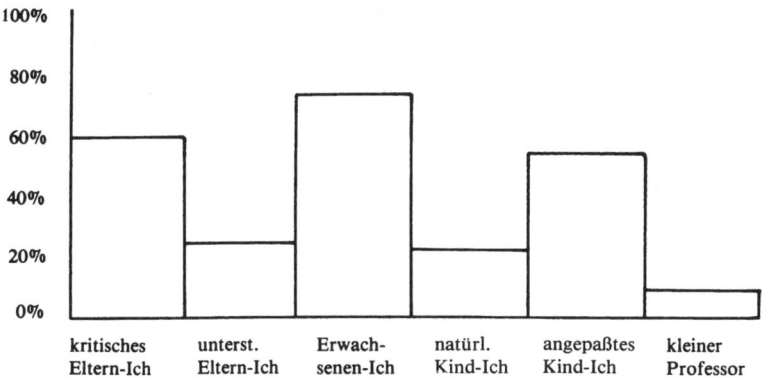

Abb. 4: Egogramm

Aus diesen Werten läßt sich folgendes entnehmen:

Meist ist das *kritische Eltern-Ich* stark ausgeprägt, gelegentlich sogar stärker als das *Erwachsenen-Ich*. Mitarbeiter werden also häufig aus diesem Ich-Zustand angesprochen, und zwar weitgehend in ihrem angepaßten *Kind-Ich*. Die entsprechenden Äußerungen reichen von offenen Angriffen und Zurechtweisungen bis zu Grundsatzerklärungen, mit denen man den Mitarbeiter belehrt.

Über den ungeschriebenen psychologischen Kontrakt zwischen Vorgesetzten und Mitarbeitern läßt sich dadurch zumindest das ableiten, daß der Mitarbeiter mit kritischen Reaktionen erst einmal in eine angepaßte Untergebenen-Rolle gebracht wird, bevor man sich mit ihm sachlich (*Erwachsenen-Ich*) auseinandersetzt. Durch dieses Verhalten wird gleichzeitig die überlegene Vorgesetzten-Rolle klar- und sichergestellt.

Derjenige, der häufig aus dem *kritischen Eltern-Ich* reagiert, bringt nicht nur andere, sondern auch sich selbst häufig ins angepaßte *Kind-Ich*. Die entspechenden Reaktionen bestehen aus nichtssagenden Durchhalteparolen, Erklärungen, „daß man auch nichts ändern könne", oder aus verbalen Ausweichmanövern, mit denen man einer Auseinandersetzung aus dem Wege zu gehen versucht.

Dieses Verhalten, durch das man größtenteils das *unterstützende Eltern-Ich* im Gesprächspartner anspricht, tritt gehäuft gegenüber den eigenen Vorgesetzten auf, die ihrerseits die Geduld verlieren und dann kritisch reagieren und die nachgeordnete Führungskraft im angepaßten *Kind-Ich* ansprechen.

Unterstützendes Eltern-Ich und natürliches *Kind-Ich* sind jeweils schwach ausgeprägt. Zwischen beiden Phänomenen besteht ein Zusammenhang.

Die Normen, die für das Verhalten von Führungskräften nach oben und unten gelten, sind zum überwiegenden Teil kritisch bis hin zum völligen Realitätsverlust („Als Führungskraft hat man immer Vorbild zu sein"). D. h., es bestehen kaum unterstützende Normen, aufgrund deren man etwas darf, z. B. Humor haben, bzw. etwas nicht muß. Das daraus resultierende schwache natürliche Kind-Ich hat zur Folge, daß man nicht in der Lage ist, notfalls einmal authentisch, d. h. echt, offen, natürlich zu reagieren, weil das bedeuten könnte, daß man aus seiner Rolle als Führungskraft fiele.

Legt man die zweifellos hohen Ansprüche eines menschlichen authentischen Managements zugrunde, dann sind neben dem *Erwachsenen-Ich* zwei wesentliche Ich-Zustände häufig stark entwicklungsbedürftig: das *unterstützende Eltern-Ich* und das *natürliche Kind-Ich*.

Um diese Behauptung zu begründen, genügt es, sich zwei Fragen vorzulegen:

– Was soll z. B. bei einem Beurteilungsgespräch mit einem Mitarbeiter herauskommen, der vor allem kritisiert und kaum unterstützt wird?
– Wo soll der Spaß an der Arbeit bzw. die Arbeitszufriedenheit herkommen, wenn Spontaneität und Vitalität nicht erlaubt sind?

2.4.2 Führungsaufgaben

Aus welchen Ich-Zuständen werden konkrete Führungsaufgaben wahrgenommen?

Alle Führungsaufgaben können aus allen Ich-Zuständen wahrgenommen werden. Nachdem das vorangestellte Egogramm nur einen allgemeinen Überblick geben konnte, sei jetzt anhand einer konkreten Situation und einer konkreten Führungsaufgabe (Setzen von Zielen) beispielhaft demonstriert, wie groß eigentlich die Zahl der Verhaltensalternativen wirklich ist.

Situation

Ein Verkaufsleiter macht einem Verkäufer klar, daß man von ihm im kommenden Jahr einen Mehrumsatz von 20% erwarte. Der Verkäufer hält dieses Ziel für unrealistisch.

Verkaufsleiter-Reaktionen

Kritisches Eltern-Ich:	„Was heißt hier unrealistisch? Vielleicht sollten Sie einmal Ihren Markt gründlicher bearbeiten! Dann würden Sie erkennen, was da an Steigerungsmöglichkeiten drinsteckt!"
Wirkung auf den Mitarbeiter:	Auf das Argument des Verkäufers wird überhaupt nicht eingegangen. Stattdessen bekommt er einen massiven Vorwurf zu hören. Eigentlich kann er jetzt das Umsatzziel nur noch akzeptieren, wenn er eine größere Auseinandersetzung über seine Leistung vermeiden will (angepaßtes Kind-Ich).
Unterstützendes Eltern-Ich:	„Ich verstehe vollkommen, daß 20% Plus unglaublich hoch klingt. Zudem ja der Vorjahresumsatz, der die Basis für diese Steigerung darstellt, auch schon überdurchschnittlich hoch lag. Ich glaube, wir sollten uns jetzt gemeinsam den Marketing-Plan anschauen. Für Werbung und Aktionen stehen uns im kommenden Jahr wesentlich höhere Mittel als bisher zur Verfügung und darüber hinaus ..."
Wirkung auf den Mitarbeiter:	Der Vorgesetzte hat Verständnis dafür, daß ein derartiger Mehrumsatz, wenn man nichts Näheres weiß, angstauslösend ist. Mit seinem Hinweis auf den Marketing-Plan beruhigt er das ängstliche Kind im Mitarbeiter. Über das Angebot sachlicher Information spricht er das Erwachsenen-Ich im Mitarbeiter an.
Erwachsenen-Ich:	„Welche Umsatzsteigerung würden Sie für realistisch halten?"

Wirkung auf den Mitarbeiter:	Dem Verkäufer wird eine sachliche Frage gestellt, er wird als gleichberechtigter Gesprächspartner akzeptiert (Erwachsenen-Ich). Dies kann die Einleitung für eine sachlich geführte Auseinandersetzung werden.
Natürliches Kind-Ich:	„Ich weiß, das klingt unglaublich. Aber wir müssen im kommenden Jahr endlich unseren alten Konkurrenten schlagen. Das wäre doch gelacht! Und jetzt reden wir darüber, wie wir das schaffen können."
Wirkung auf den Mitarbeiter:	Der Verkaufsleiter spricht im Mitarbeiter den Ehrgeiz (natürliches Kind-Ich) an. Denn es kann ausgesprochen Spaß machen, besser als die Konkurrenz zu sein. Mit dem Hinweis darauf, wie das Ziel erreicht werden kann, spricht er das Erwachsenen-Ich im Mitarbeiter an.
Angepaßtes Kind-Ich:	„Ich weiß, daß das kaum zu schaffen sein wird. Aber was soll ich machen, der Vorstand hat diese Zahlen bereits verbindlich beschlossen."
Wirkung auf den Mitarbeiter:	Der Verkaufsleiter zweifelt selbst daran, daß das neue Ziel erreicht werden kann. Er bittet den Mitarbeiter um Verständnis (unterstützendes Eltern-Ich) und argumentiert ansonsten mit dem Vorstandsbeschluß, wodurch er den Mitarbeiter, wie sich selbst, ins angepaßte Kind-Ich bringt.
Kleiner Professor:	„Sie wollen doch sicher auch im nächsten Jahr bei den Verkäufern sein, die für eine Woche nach Honolulu fahren!"
Wirkung auf den Mitarbeiter:	Hier operiert der Verkaufsleiter mit einer faustdicken Manipulation, mit der er im Verkäufer das natürliche Kind-Ich (Honolulu) und das angepaßte Kind-Ich (Angst, nicht mit dabei zu sein) anspricht.

Sofern man als Führungskraft nicht angepaßte Mitarbeiter haben will, dürften die Reaktionen aus dem Erwachsenen-Ich, unterstützenden Eltern-Ich, natürlichen Kind-Ich die am meisten Erfolg versprechenden gewesen sein. Eine endgültige Entscheidung, welches Verhalten angemessen ist, bedarf aber einer ausführlichen Klärung.

2.4.3 Angemessenes und unangemessenes Verhalten

Welches Verhalten ist in einer bestimmten Situation angemessen, welches unangemessen?

Angemessen bzw. unangemessen kann man sich aus allen Ich-Zuständen heraus verhalten. Um sich bewußter zu entscheiden, kann man anhand von 5 Kriterien vorgehen:

Wie ist die Situation?
– Was sind die Fakten?
– Welche Normen können bei mir und beim anderen eine objektive Wahrnehmung der Situation beeinträchtigen?
– Wie stichhaltig sind diese Normen?
– Welche Gründe sind bei mir und beim anderen mit im Spiel?

Jeder Mensch hat für sein Agieren seinen eigenen Bezugsrahmen, sein eigenes Modell der Welt, bestehend aus Normen, Gefühlen, Phantasie und Erfahrungen. Verwechslungen zwischen diesem subjektiven Meta-Modell und der objektiven Realität sind u. a. auf folgende Mechanismen zurückzuführen:

Verallgemeinerungen:	Jemand lernt als Auszubildender in seinem Lehrbetrieb, daß man einem Vorgesetzten nicht widerspricht. Diese isolierte Erfahrung in einem Betrieb wird verallgemeinert. Allen Vorgesetzten in allen Betrieben sollte man nicht widersprechen.
Wahrnehmungslöcher:	Ein Mitarbeiter nimmt aufgrund seines negativen Selbstbildes die Anerkennung seines Chefs überhaupt nicht wahr.
Phantasie:	Eine Arbeitsanweisung wird von einem Mitarbeiter ganz anders aufgefaßt, als sie vom Vorgesetzten gemeint war. Kommt es deshalb zu einer Auseinandersetzung, besteht eine gute Chance, daß beide Seiten darauf bestehen, daß ihre jeweilige Auslegung die einzig Denkbare ist.

Wahrnehmungstrübungen gehören zu den Hauptursachen für falsche Entscheidungen und damit unangemessenem Verhalten.

Was will ich jetzt erreichen?

Aufgrund eingefahrener Verhaltensmuster (z. B. Verhalten aus dem kritischen Eltern-Ich oder dem angepaßten Kind-Ich) reagiert jemand zwar zielorientiert, z. B. einen Streit auszufechten oder zu vermeiden, aber dahinter steht keine bewußte und überlegte Entscheidung. In einer ähnlichen Situation würde er sich wieder so verhalten, anstatt sich bewußt für eine sachliche Auseinandersetzung als dritte Alternative zu entscheiden.

Wie kann ich mein Ziel erreichen?

Gedankliche Klarheit über das Ziel bedeutet leider in vielen Fällen noch nicht, daß sich jemand so verhält, daß er das Ziel auch erreicht. Zwischen Ziel und Verhalten kann es zu paradoxen Widersprüchen kommen. Die eher unfreundliche Aufforderung, „Nun seien Sie doch einmal etwas freundlicher", kommt aus dem kritischen Eltern-Ich und landet beim anderen im angepaßten oder rebellischen Kind-Ich, in Ich-Zuständen also, aus denen heraus sich niemand freundlicher verhalten kann.

Welche Gefühle werden voraussichtlich bei mir und beim anderen angesprochen?

Hinter dieser Frage steht die Erfahrung, daß man mit einem anderen auf der Sachebene (Erwachsenen-Ich) nicht weiterkommt, wenn man die Gefühlsebene (Kind-Ich) nicht berücksichtigt und klärt. Eine logisch richtige Entscheidung kann dann psychologisch falsch bzw. nicht durchsetzbar sein, wenn derjenige, der sie ausführen soll, an der Entscheidung nicht beteiligt war, sich übergangen fühlt, sich ärgert und dann mauert.

2.5 Übungen

2.5.1 Übung „Ich-Zustands-Fragen"

Bitte ordnen Sie die jeweiligen Reaktionen auf die beschriebenen Situationen den jeweiligen Ich-Zuständen zu.

Ihre Zuordnungen können nur Vermutungen sein, weil die Informationen über die Gestik und den Tonfall des Sprechers fehlen. Versuchen Sie es bitte trotzdem aufgrund der schriftlichen Antwort.

Ein Kollege kann einen wichtigen Brief nicht finden:
1. a) Das wundert mich nicht! _____
    b) Haben Sie schon gefragt, wer ihn zuletzt
       gehabt hat? _____
    c) Weiß nicht, wo Ihr komischer Brief ist! _____
    d) Nur mal langsam, den werden wir schon
       finden. _____

Der Chef ist mit dem Antwortschreiben nicht zufrieden, das seine Sekretärin auf eine Anfrage der Zentrale geschrieben hat:
2. a) Ich habe deren Anfrage jetzt dreimal gelesen und weiß immer noch nicht, worauf die eigentlich hinauswollen. Was die einem manchmal hier zumuten! _____
    b) Ich habe das anders verstanden. Sagen Sie mir doch bitte, was die Ihrer Meinung nach wollen. _____
    c) Darauf sollten wir gar nicht antworten. Die sollen sich gefälligst klar ausdrükken! _____
    d) So können wir unsere Antwort nicht rausgehen lassen, Frau Blum. Schreiben Sie bitte mit, was ich Ihnen jetzt diktiere. _____

Einem Gerücht zufolge soll ein Kollege versetzt werden:
3. a) Kommen Sie, erzählen Sie mir mehr darüber. _____
    b) Da wird er sich aber ganz schön anstrengen müssen. _____
    c) Wundert Sie das? _____
    d) Von wem haben Sie diese Information? _____

Ein Kollege hat einen Vorschlag gemacht, der als unrealistisch abgelehnt wurde:
4. a) Sie müssen ziemlich niedergeschlagen sein. Wollen wir heute Abend auf ein Bier gehen? _____

b) Was werden Sie jetzt machen?
c) Warum sollte es Ihnen auch besser gehen als mir?
d) Wie wurde die Ablehnung begründet?

Eine sehr gut aussehende Sekretärin kommt in einem tief ausgeschnittenen Kleid ins Büro:
5. a) Donnerwetter! Schauen Sie sich das an!
b) Solche Sachen sollten im Büro nicht erlaubt sein!
c) Ich frage mich, warum sie das angezogen hat!
d) Das ist ja mal wieder typisch!

Personaleinsparungen sind angekündigt:
6. a) Die machen es sich mal wieder leicht.
b) Zuerst sollten sie die Jungen entlassen. Die finden eher einen neuen Arbeitsplatz als wir.
c) Ich werde mir meinen Vertrag wieder einmal genau ansehen.
d) Eine Zeitlang haben die ja auch jeden genommen.

Eine Kopiermaschine funktioniert nicht mehr:
7. a) Rufen Sie bitte den Reparatur-Service an. Die sollten möglichst schnell jemanden schicken.
b) Mit dem Ding ist doch ständig etwas los. Irgendwann werfe ich es noch zum Fenster raus.
c) Die Leute gehen einfach nicht vorsichtig genug damit um.
d) Woran liegt es denn diesmal?

Jemand wird unerwartet befördert:
8. a) Finde ich gut. Der braucht das Geld auch nötiger als andere. _____
   b) Was mag wohl der Grund dafür sein? _____
   c) Möchte mal wissen, wie er das gemacht hat? _____
   d) Wer steckt da bloß wieder dahinter? _____

Ein Mitarbeiter ist mit seiner Beurteilung nicht einverstanden:
9. a) Sie erwarten doch nicht etwa, daß ich mich mit Ihnen auf einen Kuhhandel einlasse! _____
   b) Sind Sie mit einer Stufe besser einverstanden? _____
   c) Ich habe Ihnen meine Meinung begründet. Aber wenn Sie unbedingt meinen, einen Einspruch einlegen zu müssen – hier unten auf dem Bogen können Sie ja Ihre Ansicht vermerken. _____
   d) Schauen Sie: Eine Beurteilung ist ja keine Verurteilung. Gerade durch dieses Gespräch haben wir die Voraussetzungen dafür geschaffen, daß Sie Ihre Leistung in den kritischen Bereichen verbessern können. _____

Kollegen informieren sich untereinander nicht:
10. a) Komischerweise klappt das woanders besser! _____
    b) Woran liegt das? _____
    c) Ich glaube nicht, daß man da was tun kann. _____
    d) Das müßte einfach besser geregelt werden. _____

Angenäherte Lösungen:

1. a) Natürliches Kind-Ich
   b) Erwachsenen-Ich
   c) Kritisches Eltern-Ich
   d) Unterstützendes Eltern-Ich

2. a) Angepaßtes Kind-Ich
   b) Erwachsenen-Ich
   c) Angepaßt-rebellisches Kind-Ich
      Kritisches Eltern-Ich
   d) Erwachsenen-Ich mit kritischem Einschlag

3. a) Natürliches Kind-Ich (neugierig)
   b) Kritisches Eltern-Ich
   c) Kritisches Eltern-Ich
   d) Erwachsenen-Ich

4. a) Unterstützendes Eltern-Ich
   b) Erwachsenen-Ich
   c) Kritisches Eltern-Ich
   d) Erwachsenen-Ich

5. a) Natürliches Kind-Ich
   b) Kritisches Eltern-Ich
   c) Erwachsenen-Ich
   d) Kritisches Eltern-Ich

6. a) Angepaßtes Kind-Ich
   b) Kritisches Eltern-Ich, das nach rationalem Erwachsenen-Ich klingt
   c) Erwachsenen-Ich
   d) Kritisches Eltern-Ich

7. a) Erwachsenen-Ich
   b) Angepaßt-rebellisches Kind-Ich
   c) Kritisches Eltern-Ich
   d) Erwachsenen-Ich

8. a) Unterstützendes Eltern-Ich
   b) Erwachsenen-Ich
   c) Natürliches Kind-Ich
   d) Kritisches Eltern-Ich

9. a) Kritisches Eltern-Ich
   b) Angepaßtes Kind-Ich
   c) Kritisches Eltern-Ich
   d) Unterstützendes Eltern-Ich und Erwachsenen-Ich
10. a) Kritisches Eltern-Ich
    b) Erwachsenen-Ich
    c) Angepaßtes Kind-Ich
    d) Kritisches Eltern-Ich

Wenn Sie bei Ihrer Diagnose gelegentlich zu anderen Ergebnissen kommen, dann machen Sie sich keine großen Gedanken. Ein und dieselbe Äußerung kann bei unterschiedlichen Menschen unterschiedlich ankommen. Wie sonst auch, entscheidet über die Wahrheit einer Botschaft der Empfänger und nicht der Sender.

2.5.2 Übung „Ich-Zustands-Reaktionen"

Bitte überlegen Sie sich,

– wann,
– in welcher Situation,
– wem gegenüber,
– wie häufig

verhalten Sie sich aus den folgenden Ich-Zuständen heraus?

Je konkreter Sie diese Fragen beantworten, um so mehr bringt Ihnen diese Übung.

Kritisches Eltern-Ich: _____

_____

Unterstützendes Eltern-Ich: _____

_____

Erwachsenen-Ich: _____

_____

_____

Natürliches Kind-Ich: _____

_____

_____

Angepaßtes Kind-Ich: _____

_____

_____

Kleiner Professor: _____

_____

_____

Welche Ihrer Reaktionen sind angemessen, welche nicht?

_____

_____

_____

_____

_____

_____

3. Skript und Eltern-Botschaften

3.1 Beispiel

Ein Vorgesetzter erwartet von seinen Mitarbeitern, daß sie ihm alle schriftlichen Ausarbeitungen, und seien es nur interne Notizen oder vorläufige Entwürfe, druckreif formuliert vorlegen. Ist das nicht der Fall, gehen die Schriftstücke mit unfreundlichen Randbemerkungen versehen an den Verfasser zurück. Der Arbeitsumsatz verlangsamt sich zunehmend, die Stimmung ist gedrückt.

Auf die Frage, was passieren oder schief gehen könnte, wenn er als Vorgesetzter das Gebot der druckreifen Formulierung auf Ausarbeitungen beschränken würde, die die Abteilung verlassen, antwortet er nach kurzem Überlegen leicht verärgert „Nichts".

Unser Vorgesetzter ist Opfer einer unrealistischen Eltern-Botschaft bzw. Norm geworden, die er, wie sich dann herausstellte, von einem früheren Chef übernommen hatte.

3.2 Definition

> Ein Skript ist ein unbewußter Lebensplan, der aufgrund von Eltern-Botschaften, die einem Kind sagen, wie „man" lebt, zustande kommt.

Von frühester Kindheit an gibt es ständig Menschen, die uns sagen, wie wir uns zu verhalten haben. Die eigenen Eltern fangen in aller Regel damit an (daher der Begriff „Eltern-Botschaft") und legen den Grundstein. Später folgen Lehrer, Vorgesetzte, das Unternehmen, in dem man arbeitet. Alle stellen für uns verbal und nonverbal Verbote und Gebote, Prinzipien und Maximen darüber auf, was wir zu tun und zu lassen haben.

Derartige Botschaften sind für ein kleines Kind absolut; es hat keine Möglichkeit, die Norm anzuzweifeln, da es erst im Laufe der Jahre erkennen könnte, daß es zu den elterlichen Botschaften Alternativen gibt. Zu diesem Zeitpunkt ist es aber bereits zu spät, denn nach *Berne* steht der eigentliche Lebensplan bereits im dritten Lebensjahr.

Ziel der TA ist es, daß wir uns mit diesen Eltern-Botschaften zunehmend bewußt und realistisch auseinandersetzen können.

3.3 Kritische und unterstützende Eltern-Botschaften

Eltern-Botschaften lassen sich nach zwei Gesichtspunkten unterscheiden:

Kritische Eltern-Botschaften bzw. Antreiber/Stopper

Das sind Normen, nach denen wir etwas tun müssen, sollen oder nicht dürfen. Werden diese Normen absolut verstanden, also im Hinblick auf eine konkrete Situation oder Aufgabenstellung nicht überprüft, spricht man auch von Antreibern bzw. Stoppern.

Um besser verstehen zu können, was damit gemeint ist, lohnt es sich, einige typische Antreiber bzw. Stopper näher kennenzulernen.

– Sei perfekt!

Dieser Antreiber verlangt von uns und anderen absolute Perfektion, Gründlichkeit und Präzision. Wer unter diesem Antreiber leidet, hat frühzeitig gelernt, daß er nur dann in Ordnung ist, von anderen beachtet und geschätzt wird, wenn er perfekt ist.

Für das Arbeitsverhalten hat dieser Antreiber nachhaltige Folgen. Denn man bemüht sich in jedem Falle um Perfektion – ohne Rücksicht auf Zeitaufwand und Kosten. Im Sinne dieses Antreibers ist es durchaus korrekt, um eine hundertprozentige Perfektion bei der Erledigung einer Aufgabe zu erreichen, dafür drei Tage zu brauchen, obwohl bei 95%iger Perfektion die Arbeit an einem Tag zu schaffen gewesen wäre.

Von daher kann der Antreiber „Sei perfekt!" auch zum Karrieregrab werden. Perfektionisten gelten häufig als gründliche, ausgesprochen zuverlässige Experten, auch wenn sie einem aufgrund ihrer Pedanterie auf die Nerven gehen. Dies kann dazu führen, daß man sie nicht in Führungspositionen befördert, da man Angst hat, dabei einen guten Fachmann zu verlieren und eine schlechte Führungskraft zu gewinnen.

Antreiber lösen Angst aus. Im Falle des Antreibers „Sei perfekt!" bedeutet dies, daß jemand mehr oder minder ständig Angst hat, daß etwas schief geht oder daß etwas nicht klappt. Geplagt von mehr oder minder schlimmen Katastrophen-Phantasien treten beim Betreffenden Rückversicherungs-Zwänge auf, durch die er sich selbst und andere nervös und unsicher macht.

Tritt tatsächlich ein Fehler auf, so besteht die Gefahr, daß es gegenüber anderen zu einer völlig überzogenen Kritik kommt. Macht der Betreffende selbst einen Fehler bzw. wird eine Sache nicht so perfekt, wie er sich das selbst vorgestellt hat, besteht die Gefahr, daß der Betreffende angefangene Arbeiten immer wieder wegwirft und von vorn anfängt. Typisch für den Perfekten ist es z.b., daß er beim Abfassen schriftlicher Texte davon ausgeht, daß er sofort druckreif formulieren muß. Selbst in einem vorläufig nur handschriftlich aufgesetzten Text sind ihm Korrekturen, Durchstreichungen und Ergänzungen zuwider.

Eine *Hilfe für den Perfekten* kann darin bestehen, ihn dahingehend zu beruhigen, daß, selbst wenn ein Fehler auftritt, deswegen die Welt nicht untergeht. Weiterhin kann es sinnvoll sein, dem Perfekten dabei zu helfen, besser und differenzierter zu erkennen, wann und bei welchen Gelegenheiten Perfektion wirklich angebracht ist.

– *Streng dich an!*

Wer unter dem Einfluß dieses Antreibers steht, bemüht sich ständig, strengt sich an und erwartet das auch von anderen.

Bei der Erledigung einer Aufgabe führt dieser Antreiber dazu, daß jemand mit traumwandlerischer Sicherheit den langwierigsten, umständlichsten und damit anstrengendsten Lösungsweg benutzt. Eine evtl. nahe liegende Improvisationsmöglichkeit wird nicht erkannt. In Prüfungssituationen kann das z.B. bedeuten, daß jemand derartig schwierige Fragen erwartet, daß er selbst einfachste Fragen nicht mehr beantworten kann. Das kann auch gleichbedeutend damit sein, daß angebotene „Brücken" als solche nicht erkannt und dann natürlich auch nicht benutzt werden.

Für den Betreffenden ist nichts leicht; ständig ist er von Problemen, Schwierigkeiten und Krisen umgeben, worüber er auch gerne spricht. Im Hintergrund steht die Angst, daß andere besser sind. Es werden daher ständig Konkurrenten, Rivalen und Wettbewerber gewittert, die nur dadurch geschlagen werden können, indem er sich mehr anstrengt.

Gängige Denkkategorien reichen von „erfolgreich – erfolglos" bis zu „überlegen – unterlegen".

Manchmal kann man diesen Antreiber auch daran erkennen, daß jemand häufig mehrere Fragen gleichzeitig stellt oder auf eine Frage sehr ausführlich antwortet, ohne die Frage damit tatsächlich zu beantworten.

Häufig drückt der Betreffende auch durch seine Körpersprache wie z. B. gespannte Schultern oder unbewußt geballte Fäuste aus, daß er sich ständig anstrengt.

Ein besonderes Problem kann dieser Antreiber in Beurteilungssituationen darstellen, da es hier gegenüber einem Mitarbeiter nicht ganz leicht sein wird, ihm zu verdeutlichen, daß das Verhältnis zwischen Anstrengung und Ergebnis nicht stimmt.

Eine *sinnvolle Unterstützung* kann daher darin bestehen, daß man dem Mitarbeiter hilft, besser zu erkennen, wann es sich lohnt, sich wirklich anzustrengen. Denn normalerweise zählt bei uns nicht die Anstrengung, die mit einer Arbeit verbunden ist, sondern ausschließlich das Ergebnis.

Weiterhin kann man auch hier beruhigend auf den Betreffenden einwirken, daß er auch dann in Ordnung ist, wenn er sich nicht dauernd anstrengt.

– *Beeil dich!*

Dieser Antreiber ist der Anlaß dafür, alles rasch zu erledigen – und zwar mehrere Dinge gleichzeitig –, schnell zu sprechen und zu antworten. Wer diesen Antreiber hat, signalisiert anderen gerne, daß sie nicht lange und ausführlich sprechen sollten („Reden Sie keine Girlanden!") und daß man selbst gerne woanders wäre. Damit verbunden ist häufig, daß man andere unterbricht – notfalls auch sich selbst.

In einem Betrieb kann das auf andere durchaus einen „dynamischen" Eindruck machen. Eine entsprechende Position vorausgesetzt, ist der Weg eines Menschen, der diesen Antreiber hat, gesäumt von Planungs- und Konzeptionsruinen, denn ihm fehlt die Erlaubnis, etwas zu Ende zu denken oder eine Arbeit endgültig zu Ende zu bringen. Überlebensfähig ist der Betreffende dann, wenn er eine Mannschaft hat, die hinter ihm herarbeitet und sich um Details kümmert. Denn dafür fehlen ihm die Zeit und der Nerv. In vielen Fällen wird er zu diesem Zeitpunkt auch schon längst mit einem anderen und neueren Projekt befaßt sein.

Dieser *ständige Zeitdruck* führt auf Dauer zu einer gewissen *Kopflosigkeit*, in Extremfällen zu *Panik*. So verfährt sich z.B. jemand, um einen Termin einzuhalten, noch auf den letzten paar hundert Metern vor seinem Ziel, oder er findet keinen Parkplatz, da er viel zu schnell an den bereits parkenden Fahrzeugen vorbeifährt.

Damit erreicht er das, wovor er am meisten Angst hat: Er kommt zu spät. Im Kontakt mit anderen treten weitere Schwierigkeiten auf, denn wer hat schon Lust, sich mit jemandem zu befassen, der ständig zeigt, daß er keine Zeit hat. Auch damit gerät der Betreffende in eine Situation, vor der er Angst hat: Er gehört nicht dazu, er ist nicht dabei.

Einem Menschen, der unter diesem Antreiber leidet, ist vor allem dadurch zu helfen, indem man ihn beruhigt und indem man ihm dabei hilft, sich Zeit dafür zu nehmen, die eigene Zeit einzuteilen und zu planen.

– Sei gefällig!

Wer diesen Antreiber hat, will anderen – wie früher den eigenen Eltern – es immer recht machen. Nur das zählt, was andere von mir erwarten. Eigene Bedürfnisse und Wünsche spielen keine Rolle. Selbst eigene Gefühle dürfen nur geäußert werden, wenn andere vermeintlich dafür das auslösende Moment liefern („Sie machen mich wütend!").

Der Betreffende fühlt sich verantwortlich dafür, wie andere sich fühlen, er liest ihnen möglicherweise jeden Wunsch von der Stirne ab, und er fühlt sich schuldig, wenn es jemandem nicht gut geht.

Da er es nicht gelernt hat, „nein" zu sagen, erwartet er, daß andere auf ihn Rücksicht nehmen, ohne daß er seine Bedürfnisse und Wünsche klar und deutlich ausspricht. Es liegt auf der Hand, daß sich unter diesen Umständen eine Zusammenarbeit schwierig gestaltet. Und dann passiert das, was er am meisten fürchtet: Er macht es anderen eben nicht recht.

Andererseits erwartet er aber auch, daß Gesprächspartner auf ihn Rücksicht nehmen, ohne daß er seine Bedürfnisse klar und deutlich ausgesprochen hat.

Hier ist es sinnvoll, jemandem dabei zu helfen, zu erkennen was er selbst möchte und das auch zu vertreten.

– *Sei stark!*

Wer diesen Antreiber hat, spielt den großen Helden, der durch nichts zu erschüttern ist. Er ist das Vorbild für alle anderen. Der Betreffende hat frühzeitig gelernt, daß man sich im Leben „zusammenzureißen" hat. Es dürfen keine Gefühle gezeigt werden. Schwächen und Fehler können unmöglich zugegeben werden. Hilfe wird grundsätzlich nicht angenommen, denn alles das würde nur Schwäche bedeuten – und davor hat der Betreffende Angst.

Man kann diesen Antreiber auch an entsprechenden Redewendungen wie „Kein Kommentar!", „Das ist mir egal!" oder „Gelobt sei, was hart macht!" erkennen. Häufig wird in den Kategorien „stark – schwach" gedacht.

Wer diesen Antreiber hat, erwartet, daß andere auf ihn zukommen, daß andere zu ihm aufblicken. Ist dies in der Wirklichkeit nicht der Fall, besteht die Gefahr, daß es dem Betreffenden schnell langweilig wird, was anderen wiederum den Eindruck der Arroganz vermittelt. Wie bei allen anderen Antreibern auch, erreicht der Betreffende das Gegenteil von dem, was er erreichen möchte: Er wirkt schwach und nicht stark.

Eine *Hilfe für den Betreffenden* kann möglicherweise darin bestehen, daß er lernt, daß menschliche Züge zu zeigen keineswegs bedeutet, schwach zu erscheinen.

Um nicht mißverstanden zu werden: Um ein bestimmtes Ziel zu erreichen, ist es durchaus angebracht, vorübergehend perfekt zu sein, sich anzustrengen, sich zu beeilen, sich anzupassen oder Stärke zu beweisen. In dem Augenblick aber, wo jemand glaubt, ständig perfekt sein zu müssen ohne Rücksicht auf die Situation, in dem Augenblick steht er unter dem Einfluß eines Antreibers, der ihn davon abhält, sich bewußt und konkret mit einer gegebenen Situation auseinanderzusetzen. In diesem Sinne wirken Antreiber auch als Stopper.

Unterstützende Eltern-Botschaften

Wie bereits aus dem vorangegangenen Abschnitt hervorgeht, lassen sich Antreiber mit Hilfe von „Erlaubern" beeinflussen, denn unterstützende Eltern-Botschaften sind Botschaften, die uns etwas erlauben, nach denen wir etwas tun dürfen bzw. nicht müssen.

Derartige „Erlauber" sind:

– *„Laß dir Zeit!"*

Diese Botschaft besagt, an Probleme mit Ruhe, Besonnenheit und Überlegung heranzugehen. Dem Menschen, der sie angemessen anwendet, also nicht wenn es brennt, kann sie zu Ausgeglichenheit und einer stabilisierenden Wirkung auf seine Umwelt verhelfen.

– *„Sei du selbst!"*

Gemeint ist damit, sich nicht dauernd den Anforderungen der Umwelt anzupassen. Offenheit, Natürlichkeit, Spontaneität und Humor können damit zu wesentlichen Verhaltensmerkmalen werden.

– *„Mach etwas wirklich, anstatt es nur zu probieren!"*

Wer über diesen Erlauber verfügt, darf Probleme zu Ende denken, darf Projekte und Aufgaben zu einem erfolgreichen Abschluß bringen, anstatt ständig etwas Neues anzufangen und dann „Ruinen" zurückzulassen.

– *„Kenne und respektiere dich!"*

Das klingt leicht egoistisch. Aber nur wer sich achten kann, kann auf Dauer andere auch respektieren.

– *„Kümmere dich um deine Bedürfnisse!"*

Klarheit über eigene Bedürfnisse und daraus abgeleitete Ziele führen zu einem autonomeren Verhalten, für das der einzelne dann auch die Verantwortung übernehmen kann. Solange jemand weitgehend fremdgesteuert bleibt, tragen eigentlich alle anderen für ihn die Verantwortung, nur er selbst nicht.

3.4 Anwendungsmöglichkeiten

Nachdem ein erheblicher Teil von individuellen und organisatorischen Normen einfach ungeprüft übernommen worden sind, besteht eine wesentliche Aufgabe darin, Wertsysteme und daraus abgeleitete Normen bewußt zu machen und sich dann zu fragen, ob diese Normen noch stimmen.

Dazu zwei Beispiele:
- Ein Automobilwerk kann sich zum obersten Ziel setzen, ein Maximum an Profit zu erwirtschaften. Eine ganz andere Wertvorstellung wäre es dagegen, den Konsumenten mit einem zuverlässigen, sicheren und wirtschaftlichen Fortbewegungsmittel zu versorgen.
Im ersten Fall kann das bedeuten, daß in Grenzfällen der Ertrag Vorrang vor der Qualität hat. Technisch nicht ganz ausgereifte Modelle gehen in Serie, Konstruktions- und Materialfehler werden hingenommen, weil man aus Hochrechnungen weiß, daß die folgenden Reklamationen an einem Teil der Fahrzeuge weniger kosten werden, als wenn der Fehler von vornherein an allen Fahrzeugen abgestellt würde.
Es liegt auf der Hand, daß das Automobilwerk, wenn es der zweiten Maxime folgen würde, wahrscheinlich ein anderes Auto bauen würde. Was langfristig erfolgreicher ist, hängt u. a. davon ab, was das Unternehmen für sich selbst als „Erfolg" definiert.

- Normen spielen auch bei Personalentscheidungen eine erhebliche Rolle. Wer wird in einem Unternehmen etwas, wer bleibt im Mittelfeld hängen? So kann es passieren, daß zwar der kooperative Führungsstil propagiert wird, aber in Spitzenpositionen werden diejenigen befördert, die am geschicktesten taktieren und sich am besten durchsetzen können.
Hier würde sich die Frage stellen, was wollen wir wirklich, den kooperativen Teamworker oder den aggressiven Manager, der zu Alleingängen neigt? Das ist weniger eine moralische Entscheidung, sondern hängt davon ab, was das Unternehmen in einer gegebenen Situation tatsächlich braucht.

3.5 Übungen

3.5.1 Selbsttest „Antreiber"

Diese Übung soll Ihnen helfen, Ihre bevorzugten Antreiber besser zu erkennen, die Ihnen im Beruf im Wege stehen. Bewerten Sie die folgenden 50 Aussagen und tragen Sie Ihre Bewertungszahlen in die nebenstehenden Kästchen ein. Eine 5 steht für „trifft voll und ganz zu", eine 1 für „trifft gar nicht zu".

5	voll und ganz
4	gut
3	etwas
2	kaum
1	gar nicht

1. Mein Gesichtsausdruck ist ernst. ☐
2. Bei Diskussionen nicke ich mit dem Kopf. ☐
3. Ich trommle ungeduldig mit den Fingern auf den Tisch. ☐
4. Meine Probleme gehen die anderen nichts an. ☐
5. Trotz großer Anstrengung gelingt mir vieles nicht. ☐
6. Meine Devise lautet: „Nur nicht locker lassen." ☐
7. Ich fühle mich verantwortlich für das Wohlbefinden meiner Kollegen und Mitarbeiter. ☐
8. Ich sage oft: „genau", „exakt", „klar", „logisch". ☐
9. Ich habe eine harte Schale, aber einen weichen Kern. ☐
10. Wenn ich eine Aufgabe anfange, führe ich sie auch zu Ende. ☐
11. Wenn ich eine Arbeit erledige, dann mache ich sie gründlich. ☐
12. Aufgaben erledige ich möglichst rasch. ☐
13. Ich kümmere mich persönlich auch um Nebensächliches. ☐
14. Beim Telefonieren bearbeite ich oft nebenbei Akten. ☐
15. Ich sage oft mehr, als eigentlich nötig wäre. ☐
16. Meine Devise heißt: „Auf die Zähne beißen." ☐
17. Ich sage eher: „Können Sie es nicht einmal versuchen?", als „Versuchen Sie es einmal." ☐
18. Ich strenge mich an, um meine Ziele zu erreichen. ☐
19. Ich bin ständig auf Trab. ☐

20. So schnell kann mich nichts erschüttern. ☐
21. Ich bin sehr nervös. ☐
22. Es fällt mir schwer, Gefühle zu zeigen. ☐
23. Ich versuche, die an mich gestellten Erwartungen zu übertreffen. ☐
24. Ich liefere einen Bericht erst ab, wenn ich ihn mehrmals überarbeitet habe. ☐
25. Ich glaube, daß die meisten Dinge nicht so einfach sind, wie viele meinen. ☐
26. Anderen gegenüber bin ich oft hart, um selbst nicht verletzt zu werden. ☐
27. Leute, die herumtrödeln, regen mich auf. ☐
28. Ich bin diplomatisch. ☐
29. Erfolge fallen nicht vom Himmel. Ich muß sie hart erarbeiten. ☐
30. Es ist für mich wichtig, von den anderen akzeptiert zu werden. ☐
31. Anderen gegenüber zeige ich meine Schwächen nicht gerne. ☐
32. Ich sage oft: „Mach mal vorwärts!" ☐
33. Ich sollte viele Aufgaben noch besser erledigen. ☐
34. Ich sage oft: „Es ist schwierig, etwas so genau zu sagen." ☐
35. Ich versuche oft herauszufinden, was andere von mir erwarten, um mich danach zu richten. ☐
36. Es ist mir wichtig, von anderen zu erfahren, ob ich meine Sache gut gemacht habe. ☐
37. Leute, die unbekümmert in den Tag hineinleben, kann ich nur schwer verstehen. ☐
38. Ich habe Mühe, Leute zu akzeptieren, die nicht genau sind. ☐
39. Bei Diskussionen unterbreche ich die anderen oft. ☐
40. Ich löse meine Probleme selbst. ☐
41. Für dumme Fehler habe ich wenig Verständnis. ☐
42. Wenn ich einen Wunsch habe, erfülle ich ihn mir schnell. ☐
43. Beim Erklären von Sachverhalten verwende ich gerne die klare Aufzählung „erstens … zweitens … drittens". ☐
44. Ich sage oft: „Das verstehe ich nicht." ☐
45. Es ist mir unangenehm, andere Leute zu kritisieren. ☐

46. Ich stelle meine Wünsche und Bedürfnisse zu Gunsten anderer Personen zurück. ☐
47. Wenn ich eine Meinung äußere, begründe ich sie auch. ☐
48. Ich schätze es, wenn andere auf meine Fragen rasch und bündig antworten. ☐
49. Im Umgang mit anderen bin ich auf Distanz bedacht. ☐
50. Wenn ich raste, roste ich.

Auswertung

Übertragen Sie die jeweilige Punktzahl auf den Auswertungsschlüssel. Jede Kategorie, in der Sie mehr als 40 Punkte erreichen, zählt zu Ihren persönlichen Antreibern. Überlegen Sie sich, wann ein derartiger Antreiber mit Ihnen durchgeht.

„Sei perfekt"	1	8	11	13	23	24	33	38	43	47	Summe

„Beeil Dich"	3	12	14	19	21	27	32	39	42	48	Summe

„Streng Dich an"	5	6	10	18	25	29	34	37	44	50	Summe

„Sei gefällig"	2	7	15	17	28	30	35	36	45	46	Summe

„Sei stark"	4	9	16	20	22	26	31	40	41	49	Summe

3.5.2 Übung „Normen"

Bitte überlegen Sie sich, worauf es in Ihrer Position ankommt. Schreiben Sie die drei Anforderungen auf, von denen Sie glauben, daß Sie sie unbedingt erfüllen müssen:

1. _____
2. _____
3. _____

Jetzt überlegen Sie sich bitte, wie Sie sich verhalten, wie Sie führen, wie Sie mit Mitarbeitern umgehen könnten, wenn Sie diese drei Anforderungen nicht unbedingt erfüllen müßten:
1. _____
2. _____
3. _____
Was würde dann geschehen, was würde passieren? _____
_____
_____

Wenn Sie bei dem einen oder anderen Punkt zu dem Ergebnis kommen, daß „eigentlich" nicht viel passieren würde, dann haben Sie einen Antreiber gefunden, eine unrealistische, kritische Eltern-Botschaft, eine Norm möglicherweise, von der nur Sie glauben, daß Sie sie erfüllen müßten.
Welche Konsequenzen können Sie daraus ziehen? _____
_____
_____
_____
_____
_____
_____

3.5.3 Übung „Rollenbuch der Organisation"

Langsam aber sicher gewinnt auch bei uns das Thema *„corporate culture"* bzw. *„Unternehmenskultur"* an Aktualität. Als zentral hat sich dabei die Frage herauskristallisiert, inwieweit die tagtäglich gelebte Kultur in einer Organisation (formelle und informelle Normen und Verhaltensregeln) mit dem ursprünglich und eigentlich intendierten Wertsystem (Unternehmensphilosophie, Unternehmensgrundsätze, Leitbild der Organisation) noch übereinstimmt.

Die folgende Übung hat es in sich, sie ist nicht leicht, sie verlangt von den Beteiligten ein erhebliches Maß ehrlicher *Gewissenserforschung*, und sie würde dann zu einem Flop werden, würde man sich darauf beschränken, sich für die herrschenden Zustände gegenseitig die Schuld zuzuweisen.

1. Stellen Sie sich ihre Organisation, Ihr Unternehmen, als eine Person, als einen einzelnen Menschen vor. Welcher Typ von Mensch wäre das?
2. Aus welchem Ich-Zustand heraus würde diese Person vornehmlich agieren und reagieren? Wie stark sind die anderen Ich-Zustände ausgeprägt?
3. Wie sehen Sie sich selbst in dieser Organisation? Wie stark sind bei Ihnen die einzelnen Ich-Zustände ausgeprägt? Differenzieren Sie dabei bitte zwischen Ihrer Rolle als nachgeordneter Mitarbeiter und Ihrer Rolle als Führungskraft.
4. Wenn Sie jetzt Ihre Angaben in Bezug auf Ihre Organisation und auf sich selbst miteinander vergleichen, welche vorläufigen Schlüsse können Sie dabei ziehen? Wie beeinflußt Sie Ihre Organisation, und wie beeinflussen Sie Ihre Organisation?
5. Wofür wird man in Ihrer Organisation im weitesten Sinne „bestraft", wofür „belohnt"?
6. Was erleben Sie als kritische, autoritäre und bestrafende Maßnahmen, was als unterstützende, helfende und fördernde Maßnahmen?
7. Welche „geheiligten Traditionen" gibt es in Ihrer Organisation, was ist tabu?
   - Welche dieser Traditionen sind vernünftig?
   - Welche davon sind nicht mehr vernünftig?
   - Welche sollten geändert werden?
   - Welche dürfen nach dem heutigen Stand nicht geändert werden?
   - Worüber kann man in Ihrer Organisation sprechen, worüber nicht?
   - Welche Tabus sind schon aufgehoben worden?
8. Wenn Sie Ihre Organisation mit einem Motto, einem Slogan, einer Schlagzeile beschreiben sollten, was würde Ihnen dann einfallen? Würde dieses Motto zu Ihrem Motto passen?
9. Wie beeinflußt das Ihr Verhalten?

10. Inwieweit treten Widersprüche auf zwischen dem,
    - was das Unternehmen fordert, und dem, was Sie bereit sind, einzubringen?
    - was das Unternehmen glaubt, das richtig wäre, und dem, was Ihrer Meinung nach tatsächlich richtig wäre?
11. Was war die letzte wesentliche Entscheidung, die in Ihrer Organisation getroffen wurde? Wurde diese Entscheidung aufgrund aller verfügbaren aktuellen Daten getroffen? Oder wurde dabei mehr nach traditionellen Denkschemata verfahren?
12. Schreiben Sie bitte einige Charakteristika einer erfolgreichen Organisation („Gewinner-Organisation") auf.
13. Schreiben Sie bitte einige Charakteristika einer nicht erfolgreichen Organisation („Verlierer-Organisation") auf.
14. Schreiben Sie bitte mehrere Charakteristika Ihrer Organisation auf. Ist Ihre Organisation eher eine Gewinner- oder eher eine Verlierer-Organisation? Wo ergeben sich jetzt Defizite bzw. Problembereiche?
15. Wenn Ihre Organisation sich weiterentwickelt wie bisher, wo wird sie dann in fünf oder zehn Jahren stehen?
16. Wo werden Sie in fünf oder zehn Jahren stehen?
17. Welche Alternativen ergeben sich jetzt für Sie und Ihre Organisation?

4. Transaktionen

4.1 Beispiel

Auf die Frage „Wieviel Uhr ist es bitte?" kann jemand folgende drei Antworten erhalten:
a) „Es ist 16.10 Uhr."
b) „Sind Sie zu bequem, selbst auf die Uhr zu sehen?"
c) „Bei jemandem, der so reich ist, daß er sich eine eigene Uhr leisten kann, ist es jetzt 16.10 Uhr."

Insgesamt haben drei verschiedene Transaktionen stattgefunden.

4.2 Definition

> Eine Transaktion ist der verbale und nonverbale Austausch zwischen zwei Personen, der, bestehend aus einem Reiz (z. B. einer Frage) und einer Reaktion (z. B. einer Antwort), zwischen bestimmten Ich-Zuständen stattfindet.

Transaktionen können einfach sein, z. B. zwischen zwei Ich-Zuständen, oder komplex, wenn sie sich zwischen drei oder vier Ich-Zuständen abspielen.

Eine Unterhaltung besteht also aus einer Serie von miteinander verbundenen Transaktionen. Wenn jemand eine Transaktion in Gang setzt oder auf einen Reiz reagiert, hat er eine Reihe von Möglichkeiten hinsichtlich des Ich-Zustands, aus dem heraus er reagiert, und hinsichtlich des Ich-Zustands, den er im anderen ansprechen will. Im Idealfall ist jemand autonom in der Wahl des Ich-Zustands, mit dem er agiert.

4.3 Transaktionsformen

Alle Transaktionen lassen sich auf drei Grundformen reduzieren:
- parallele Transaktionen
- Überkreuz-Transaktionen
- verdeckte Tansaktionen.

Parallele Transaktionen

Eine parallele Transaktion entsteht, wenn der Empfänger einer Transaktion aus dem Ich-Zustand reagiert, in dem er angesprochen wurde und damit beim Sender auch wieder den Ich-Zustand anspricht, aus dem heraus er ursprünglich angesprochen wurde.

Parallele Transaktionen können zwischen allen Ich-Zuständen entstehen:

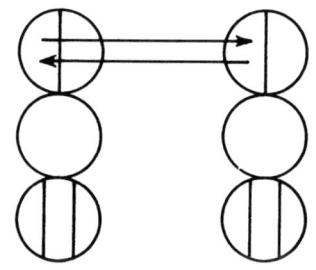

Fig. 1:
1: „Die Leute haben heute viel zu hohe Ansprüche!"
2: „Das kann man wohl sagen."

Hier erfolgt ein Austausch von Vorurteilen zwischen den beiden kritischen Eltern-Ichs von Sender und Empfänger.

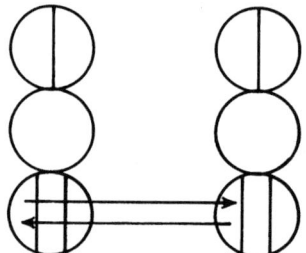

Fig. 2:
1: „Es macht mir Spaß, mit Ihnen zusammenzuarbeiten."
2: „Mir auch."

Sender und Empfänger versichern sich ihrer gegenseitigen Sympathie (natürliches Kind-Ich an natürliches Kind-Ich und zurück).

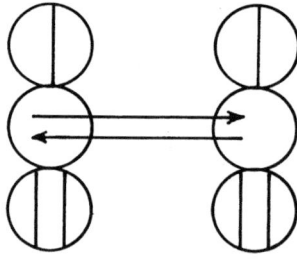

Fig. 3:
1: „Wieviel Uhr ist es bitte?"
2: „Es ist 16.10 Uhr."

Auf eine Frage aus dem Erwachsenen-Ich erhält der Sender die entsprechende Antwort. Parallele Transaktionen kann es darüber hinaus zwischen
- den beiden unterstützenden Eltern-Ich-Zuständen
- den beiden angepaßten Kind-Ich-Zuständen
- dem kritischen Eltern-Ich und dem angepaßten Kind-Ich und
- dem unterstützenden Eltern-Ich und dem natürlichen Kind-Ich
geben.

Gemeinsam ist allen Parallel-Transaktionen, daß sie den gegenseitigen positiven und negativen Erwartungen entsprechen. Der Gesprächsverlauf ist ohne Überraschungen und vorhersehbar. Die Kommunikation könnte immer so weitergehen, was nicht sehr wahrscheinlich ist.

Überkreuz-Transaktionen

Zu einer Überkreuz-Transaktion kommt es, wenn auf einen Reiz eine unerwartete Reaktion erfolgt. Ein anderer als der angesprochene Ich-Zustand wird aktiv, und die Transaktionslinien kreuzen sich.

Dazu einige typische Beispiele:

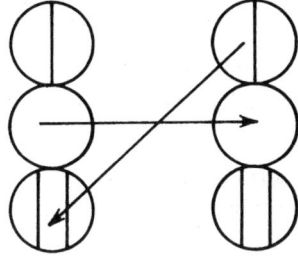

Fig. 4:

1: ,,Wieviel Uhr ist es bitte?"
2: ,,Sind Sie zu bequem, selbst auf die Uhr zu sehen?"

Auf eine sachliche Frage erhält der Sender eine unerwartete Antwort, nämlich eine vorwurfsvolle Reaktion aus dem kritischen Eltern-Ich, mit der sein angepaßtes Kind-Ich angesprochen werden soll.

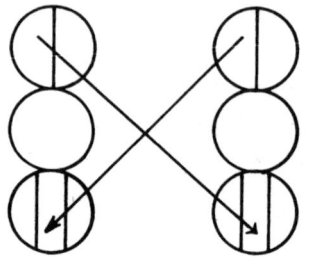

Fig. 5:

1: „Können Sie nicht endlich mal einen Termin einhalten?"
2: „Über Termineinhaltung brauchen ausgerechnet Sie mir nichts zu erzählen!"

Beide Gesprächspartner sind im kritischen Eltern-Ich, kritisieren sich gegenseitig und wollen sich in das angepaßte Kind-Ich bringen. Diese Transaktion wird auch als „Tumult" bezeichnet; sie stellt die Grundform des Krachs dar.

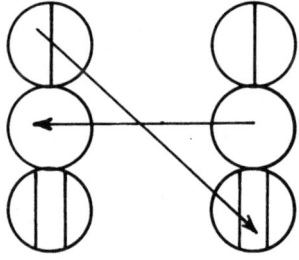

Fig. 6:

1: „Können Sie nicht endlich mal einen Termin einhalten?"
2: „Welchen Termin meinen Sie?"

Auf die Kritik des Senders reagiert der Empfänger unerwartet sachlich; er stellt eine Frage aus dem Erwachsenen-Ich und spricht damit das Erwachsenen-Ich im Sender an.

Überkreuz-Transaktionen wirken überraschend, manchmal zu überraschend. Ein erwarteter Gesprächsverlauf wird unterbrochen. Das kann riskant sein.

Auf der anderen Seite stellen Überkreuz-Transaktionen das Mittel dar, um Gesprächen eine dramatische Wendung zu geben, um sie zum Positiven und zum Negativen hin zu beeinflussen. Wird auf eine sachliche Frage (Erwachsenen-Ich an Erwachsenen-Ich) mit einem Vorwurf reagiert (kritisches Eltern-Ich an angepaßtes Kind-Ich), wird in ein Gespräch Spannung hineingetragen. Reagiert jemand aber auf eine Kritik (kritisches Eltern-Ich an angepaßtes Kind-Ich) aus dem Erwachsenen-Ich an das Erwachsenen-Ich des anderen, kann dies den ersten Schritt bedeuten, um das Gespräch zu versachlichen.

Verdeckte Transaktionen

Diese Transaktionen sind am schwersten zu durchschauen, denn es wird etwas anderes gesagt als gemeint ist. Dabei wird auf einer scheinbar sachlichen Erwachsenen-Ich-Ebene gesprochen, aber gleichzeitig eine verdeckte Mitteilung zu einem anderen Ich-Zustand geschickt.

Dazu einige Beispiele:

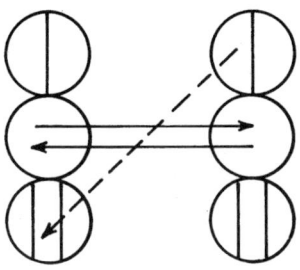

Fig. 7:

1: ,,Wieviel Uhr ist es bitte?"
2: Offen ausgesprochene Antwort: ,,Bei jemandem, der so reich ist, daß er sich eine eigene Uhr leisten kann, ist es jetzt 16.10 Uhr."
verdeckte Transaktion (gestrichelt eingezeichnet):
,,Sind Sie so arm, daß Sie sich noch nicht einmal eine eigene Uhr leisten können?"

Die Anwort enthält also eine verdeckte, unterschwellige Kritik. Man spricht in diesem Zusammenhang auch von angulären Transaktionen.

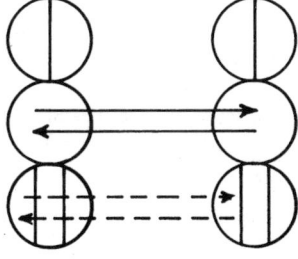

Fig. 8:

1: Offene Transaktion:
,,Sollen wir die neue Organisationsanweisung wortwörtlich erfüllen?"
Verdeckte Transaktion (gestrichelt):
,,Denen werden wir einmal beweisen, daß das nicht funktionieren kann!"
2: Offene Transaktion:
,,Ja."
Verdeckte Transaktion (gestrichelt):
,,Auf die dummen Gesichter von denen freue ich mich jetzt schon!"

Der scheinbar sachlichen Transaktion im Erwachsenen-Ich liegt ein doppelter Boden zugrunde: Die rebellischen Kind-Ich-Zustände von Sender und Empfänger sind sich einig, die neue Organisationsanweisung ad absurdum zu führen.

Verdeckte Transaktionen sind häufig ein Ventil für verletzte Wertvorstellungen und Gefühle, worüber man aber nicht offen sprechen will. Ironische Bemerkungen, versteckte Drohungen, vage Unterstellungen und unterschwellige Angriffe sind Beispiele für verdeckte Transaktionen.

Bei einem Gespräch, das zunehmend aus verdeckten Transaktionen besteht, nimmt die Gefahr von Mißverständnissen zu, denn man kann nicht sicher sein, daß der Empfänger die verdeckte Botschaft überhaupt bemerkt und richtig verstanden hat.

Verdeckte Transaktionen können auch deswegen riskant sein, weil der Empfänger offen nach der versteckten Botschaft fragen kann: „Wie meinen Sie das?" Darauf eine klare Antwort zu geben, war aber genau das, was der Sender vermeiden wollte.

4.4 Anwendungsmöglichkeiten

4.4.1 Beziehungsanalyse

Eine Analyse der Transaktionen, die z. B. zwischen einer Führungskraft und einem Mitarbeiter laufen, läßt Rückschlüsse zu auf den Umgangsstil und die menschliche Beziehung zwischen den beiden Gesprächspartnern.

Stark vereinfacht betrachtet, können sich dabei folgende typische Gesprächsabläufe herauskristallisieren:

– Die Führungskraft eröffnet das Gespräch offen oder verdeckt aus dem kritischen Eltern-Ich und zielt dabei auf das angepaßte Kind-Ich, gelegentlich auch auf das Erwachsenen-Ich des Mitarbeiters. Abhängig von der Reaktion des Mitarbeiters ergibt sich jetzt ein Schlagabtausch oder aber das, was man als psychische Vernichtung des Untergebenen bezeichnen könnte.

Im Falle des Schlagabtausches, nachdem der Mitarbeiter in seinem angepaßten Kind-Ich einiges an Kritik „kassieren" mußte, fängt dieser, vorerst häufig verdeckt, an, sein Gegenüber ebenfalls anzugreifen. Vorübergehend ergibt sich ein Tumult, und zwar dauert der so lange, bis einer der beiden realisiert, daß man so nicht weiterkommt, sich immer weiter vom eigentlichen Gesprächsthema entfernt und sich mit persönlichen Vorwürfen verzettelt. Damit ist dann häufig die Phase des Kräftemessens beendet, und die Gesprächspartner agieren und reagieren zunehmend aus dem Erwachsenen-Ich; es kommt zu den ersten Parallel-Transaktionen in diesem Ich-Zustand.

Während Gespräche dieser Art sehr zeitraubend sein können, sind Unterhaltungen, in denen es dem Mitarbeiter nach den anfänglichen Angriffen des Vorgesetzten nicht gelingt, aus dem angepaßten Kind-Ich herauszukommen, meist schnell beendet. Die Kommunikation ist einseitig, der Mitarbeiter kommt kaum mehr zu Wort.

— Ein anderer Gesprächstyp ist der, bei dem das Gespräch zwar sachlich beginnt, der Mitarbeiter aber auf Fragen seines Vorgesetzten keine klaren Antworten geben kann. Dieser wiederum beginnt zunehmend kritisch zu reagieren und verstärkt damit die Unsicherheit des Mitarbeiters, der bereits im angepaßten Kind-Ich ist. Das Gesprächsergebnis kann für den Mitarbeiter wiederum in einer Niederlage bestehen, oder der Vorgesetzte ändert seine Vorgehensweise. Er geht aus dem kritischen Eltern-Ich heraus in das unterstützende Eltern-Ich, was für den Mitarbeiter angenehmer sein kann, ihn aber wiederum in seinem angepaßten Kind-Ich bestätigt.

— Gespräche, in denen das Erwachsenen-Ich (ohne verdeckte Botschaft) durchgängig dominiert, sind relativ selten, denn dies würde bedeuten, daß beide Gesprächspartner sich von vornherein auf einer gemeinsamen Ebene stehend erleben würden. Diese gemeinsame Ebene muß aber häufig erst erkämpft werden oder aber es gibt keine gemeinsame Ebene.

4.4.2 Weiterführende und nicht weiterführende Transaktionen

Vor diesem Hintergrund stellt sich die Frage, mit welchen Transaktionen man ein evtl. heikles Gespräch einigermaßen konfliktfrei führen kann.

Parallele Transaktionen

Im Sinne von Gesprächsfortschritt, Informationsaustausch und sachlicher Argumentation sind ausschließlich Parallel-Transaktionen im Erwachsenen-Ich weiterführend. Durch Parallel-Transaktionen im Eltern- und Kind-Ich kommt es aber zu einem guten Kontakt, man produziert eine Atmosphäre der Übereinstimmung, bevor man zum eigentlichen Thema kommt.

Überkreuz-Transaktionen

Alle Überkreuz-Transaktionen, die, aus dem Erwachsenen-Ich kommend, das Erwachsenen-Ich im Gesprächspartner ansprechen, sind weiterführend. Um deren überraschende und gelegentlich schroffe Wirkung abzufedern, können sie mit einer kurzen Parallel-Transaktion kombiniert werden:

– Auf einen Angriff nicht sofort mit einer sachlichen Frage reagieren, was den Gesprächspartner noch mehr aufbringen könnte, sondern zuerst bedauern, daß sich der andere über einen geärgert hat.
– Unerbetene Ratschläge nicht sofort mit einer sachlichen Frage auf ihre Anwendbarkeit überprüfen, sondern sich beim Partner zuerst bedanken, daß er einem helfen will.
– Die Bitte um Hilfe zuerst mit der Zusage beantworten, daß man dem anderen gern helfen werde, bevor man ihn sachlich fragt, wo und warum er nicht weiterkommt.

Verdeckte Transaktionen

Verdeckte Transaktionen führen selten weiter; Unsicherheit und Mißverständnisse können die Folge sein. Einem Empfänger einer verdeckten Transaktion kann man nur raten, nachzuhaken und zu fragen, wie der andere das „gemeint" hat.

4.5 Übung

Wenn Sie mehr darüber erfahren wollen, wie Sie sich in Gesprächen verhalten, nehmen Sie einfach Gespräche auf Tonband auf und analysieren Sie sie anschließend im Hinblick auf die abgelaufenen Transaktionen. (Ihr Gesprächspartner muß mit der Tonbandaufnahme einverstanden sein.)

5. Gefühlsmaschen und psychologische Spiele

5.1 Beispiel

Ein Vorgesetzter (VG) führt mit einem Mitarbeiter (MA) ein Gespräch.

Köder des VG:	„Herr A, ich mache mir Sorgen um Sie. Ich glaube, Sie überarbeiten sich." (Verdeckte Botschaft: „Ich werde nicht zulassen, daß Sir mir gefährlich werden!")
MA beißt an:	„Ja, ich muß sehr viel arbeiten." (Verdeckte Botschaft: „Einer muß hier ja die Arbeit machen!")
VG und MA:	Beide führen eine scheinbar sachliche Unterhaltung über die Arbeitsverteilung in der Abteilung, über Arbeitszeiten und Termine.
Rollenwechsel des MA:	„Ich weiß gar nicht, was Sie von mir wollen. Für die Arbeitseinteilung hier sind schließlich Sie zuständig!"
VG ist verwirrt:	„Ja schon, aber ich wollte Ihnen doch nur helfen."
Nutzeffekt:	Das Gespräch endet ergebnislos. VG und MA haben jeweils eine Bestätigung dafür, daß der andere nicht o. k. ist.

Was ist hier passiert?

Es lief ein psychologisches Spiel, das aus der Sicht des Vorgesetzten zum Ziel hatte, dem Mitarbeiter zu beweisen, daß er nicht o.k., d. h. nicht in Ordnung ist. Dabei schlüpfte der Vorgesetzte in die Rolle des Retters, der es mit dem Mitarbeiter nur gut meint.

Der Mitarbeiter seinerseits nimmt das Spiel an; er geht in die komplementäre Opfer-Rolle. Vorgesetzter und Mitarbeiter führen vorübergehend eine vernünftig klingende Unterhaltung. Dann geht der Mitarbeiter plötzlich aus seiner Rolle heraus; er macht seinem Chef einen unüberhörbaren Vorwurf; er wird zum Verfolger, der versucht, seinen Gesprächspartner in die Opfer-Rolle zu bringen, was ihm auch gelingt.

Am Ende des Gesprächs wird beiden Seiten klar, daß man sich gegenseitig in die Opfer-Rolle bringen wollte. Das Ergebnis des Gesprächs ist ein psychologisches Fiasko.

Eigentliche Ursache für das Spiel kann sein, daß Vorgesetzter wie Mitarbeiter aus einer Gefühlsmasche heraus gehandelt haben.

5.2 Definitionen

> Gefühlsmaschen sind unechte, taktische Gefühlsreaktionen zur Durchsetzung eigener Vorstellungen. Sie sind in der Kindheit gelernte Reaktionsmuster zur Beeinflussung anderer.
> Dabei können wir in drei verschiedene Rollen gehen, nämlich in die
> > Retter-,
> > Opfer- oder
> > Verfolger-Rolle.
>
> Aus diesen Rollen heraus werden psychologische Spiele gespielt, die folgende Elemente aufweisen:
>
> – Es kommt zu einer Serie von Parallel-Transaktionen, die plausibel erscheinen.
> – Gleichzeitig läuft eine verdeckte Transaktion, die den eigentlichen Zweck des Spiels darstellt, nämlich zu beweisen, daß man selbst oder der andere nicht o.k. ist.
> – Das Spiel geht schlecht aus; der eigentliche Zweck des Spiels wird deutlich.
>
> Diese Spiele werden nicht bewußt gespielt.

5.3 Erläuterungen

5.3.1 Gefühlsmaschen

Gefühlsmaschen sind also emotionale Manöver, mit denen wir bei anderen etwas erreichen wollen, nämlich Beachtung.

Wie entstehen diese Gefühlsmaschen? In einigen Familien gilt es z.B. als ausgemacht, daß man einem anderen nicht zeigt, daß man traurig, niedergeschlagen oder verletzt ist. Stattdessen kann es aber durchaus in Ordnung sein, daß man in derartigen Situationen aggressiv wird, Türen zuknallt, herumschreit und unter Protest das Haus verläßt.

Ein Kind lernt dabei, daß es besser ist und daß es eher akzeptiert wird, wenn es jähzornig wird, anstatt zu weinen. So erzieht man einen Verfolger.

Opfer entstehen dann, wenn die Eltern einem Kind signalisieren, daß es für sie dann o.k. ist, wenn es verzichtet, schluckt und eigene Bedürfnisse und Wünsche zurückstellt: „Unser Kind ist ja schon so vernünftig."

Retter lernen frühzeitig, daß sie für ihre Eltern nur dann o.k. sind, wenn sie für die jüngeren Geschwister sorgen, wenn sie Verantwortung übernehmen.

In allen Fällen werden echte Gefühle verdrängt, Gefühlsmaschen bilden sich heraus, die eine sehr indirekte und häufig manipulierende Art darstellen, Anerkennung zu bekommen.

Dieser Lernprozeß erfolgt nicht bewußt und daher beeinflussen die verbotenen Gefühle auch das Verhalten des erwachsenen Menschen.

Wenn jemand z. B. mit seinem Auto in einen Stau geraten ist, kann sich das je nach Gefühlsmaske folgendermaßen auswirken:

Verfolger:	– Der Fahrer ist böse auf die anderen Fahrer und beschimpft sie bei geschlossenem Autofenster.
	– Oder er fühlt sich allen anderen „armen Schweinen", die nicht vorwärtskommen, überlegen.
Opfer:	– Der Fahrer ist verwirrt von den vielen Fahrzeugen um ihn herum.
	– Oder er fühlt sich schuldig, weil er ja mit zu dem Stau beiträgt.
Retter:	– Der Fahrer weicht, so gut es geht, allen anderen Fahrern aus, läßt sie einfädeln usw.

5.3.2 Psychologische Rollen

Die genannten drei psychologischen Rollen sind aufeinander bezogen, was sich durch das sog. Drama-Dreieck darstellen läßt.

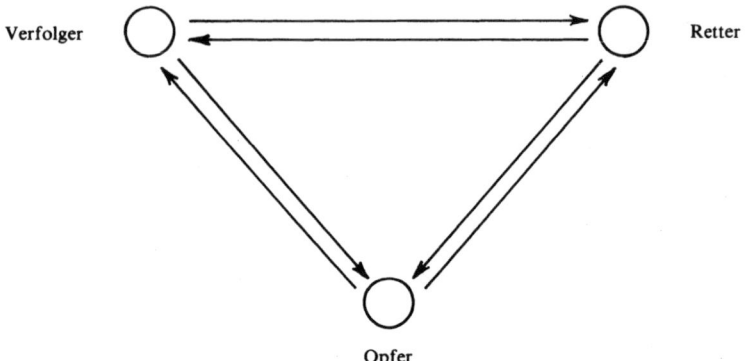

Abb. 5: Drama-Dreieck

– *„Opfer" sind hilflos,* tun sich leid, warten und hoffen, daß sich etwas von selbst ändert oder besser wird. Sie haben Angst und trauen sich nicht, sie geben gerne nach und passen sich an. Unbewußt sind sie auf der Suche nach einem Retter oder Verfolger.

Auf Vorwürfe reagieren sie eher trotzig oder verstockt. Ihrem Gesprächspartner gegenüber machen sie deutlich, daß sie nichts dafür können oder daß eine Änderung des eigenen Verhaltens sowieso keinen Sinn hat, weil dies der andere nicht zulassen würde.

In ihrer Beziehung zu anderen verfügen „Opfer" häufig über Macht, da sie viel Kraft binden. Um „Opfer" muß man sich fast ständig kümmern, man hat Angst, daß sie eine Aufgabe nicht allein schaffen oder bei einer bestimmten Gelegenheit umfallen. Man ärgert sich über sie und meist auch über sich selbst, weil es dem „Opfer" wieder einmal gelungen ist, jede Verantwortung von sich zu weisen.

– *„Retter" sind Menschen, die es mit anderen gut meinen,* die ständig aufpassen, daß anderen nichts passiert, daß nichts vergessen wird, daß keine Spannungen auftreten. Unaufgefordert geben sie gute Ratschläge und erwarten, daß andere sich danach richten. In der Politik sind sie die verdeckt machtbesessenen Menschheitsbeglücker, die genau wissen, was für andere gut ist, ohne sie jemals danach gefragt zu haben.

Ihre Hilfe macht den anderen nicht selbständig, sondern abhängig, nimmt ihm die Verantwortung und verhilft ihm zu einem relativ bequemen Leben. „Retter" erwarten Dank, den sie auf Sicht gesehen aber meist nicht bekommen, denn „Opfer" sind undankbar. Als Beispiel dienen die vielen Fälle, in denen sich „Schützlinge" nach einer gewissen Zeit von ihren „Förderern" abwenden oder diese sogar bekämpfen. Das Lebensmotto der „Retter" könnte von daher lauten „Undank ist der Welten Lohn".

Ohne es zu bemerken oder bewußt zu wollen, erlauben sie es anderen, Fehler zu machen, sich ungeschickt zu verhalten und sich vor Entscheidungen zu drücken. Um eine Situation zu retten, muß dann auch wieder das „Opfer" gerettet werden.

– *„Verfolger" greifen in Konfliktsituationen an*, schüchtern ein, stellen rhetorische oder inquisitorische Fragen, taktieren, erwecken in anderen Schuldgefühle, betonen hierarchische Unterschiede, gehen auf Distanz und lassen andere stehen. Sie sehen sich selten als Bestandteil eines Problems.

Da, wo Verfolger genaue Vorschriften machen, geben sie anderen ungewollt viel Sicherheit, denn man braucht sich nur noch danach zu richten, und es kann einem nicht mehr viel passieren. Daß damit wiederum Hilflosigkeit und Bequemlichkeit unterstützt werden, ergibt sich von selbst.

Alle drei Rollen bilden das so genannte Drama-Dreieck, das folgende Charakteristika aufweist:

– *In alle drei Rollen gehen wir nicht absichtlich bzw. bewußt, denn es handelt sich dabei um unbewußte Verhaltensmuster*, die aus der Kindheit übernommen werden.

– *Wir nehmen alle drei Rollen ein*, wobei es eine Rolle gibt, in der wir uns häufiger bewegen als in den beiden anderen.

– *Das Drama-Dreieck ist dynamisch zu verstehen*, d.h., es finden z.T. blitzschnelle Rollenwechsel statt. Ein Abteilungsleiter greift im Beisein des Hauptabteilungsleiters einen Mitarbeiter massiv an; der Hauptabteilungsleiter versucht zu vermitteln (Abteilungsleiter = Verfolger, Mitarbeiter = Opfer, Hauptabteilungsleiter = Retter). Unmittelbar nach dem Gespräch macht der Hauptabteilungsleiter dem Abteilungsleiter einen deutlichen Vorwurf, daß man mit Mitarbeitern heute so nicht mehr umgehen könne (Hauptabteilungsleiter = Verfolger, Abteilungsleiter = Opfer). Da kommt der Mitarbeiter noch einmal dazu und erklärt, daß er die Verärgerung des Abteilungsleiters gut verstehen könne und daß er die überzogene Kritik nicht übel nehmen werde (Mitarbeiter = Retter).

Und so kann es immer weitergehen; die Beteiligten „springen" weiter im Dreieck.

– *Wer in eine der genannten Rollen geht, macht seinem Gegenüber unbewußt das Angebot*, jetzt auch in eine komplementäre oder gleichartige Rolle zu gehen.

– *Die Rollen ziehen sich gegenseitig an*, denn ohne einen „Mitspieler" würde man in seiner eigenen Rolle leerlaufen.

5.3.3 Psychologische Spiele

Spiele werden gespielt, um

– beim anderen Beachtung und Bestätigung zu erreichen,
– die Zeit auszufüllen,
– nicht o. k.-Lebenspositionen und Einstellungen zu verstärken,
– ein vernünftiges und ehrliches Gespräch zu vermeiden.

Je nach Rolle kann man zwischen Opfer-, Retter- und Verfolger-Spielen unterscheiden. Wer in eine Rolle geht, macht dem anderen gegenüber unbewußt das Angebot, auch in eine Rolle zu gehen.

Typische *Opfer-Spiele* sind:

– „Bestrafen Sie mich"
  Damit sind jene Spieler gemeint, die auch im Beruf einfach durch ihr ungeschicktes Verhalten Kritik und Strafe geradezu herausfordern.
– „Holzfuß"
  Diese Spieler kokettieren mit echten und eingebildeten Gebrechen, mit denen sie das Mitleid anderer erregen wollen.
– „Ist es nicht schrecklich mit mir?"
  Hier will der Spieler, wie bei anderen Opfer-Spielen auch, eine Bestätigung dafür haben, daß er nicht in Ordnung ist.

Retter-Spiele können laufen in Richtung

– „Ich will Ihnen doch nur helfen."
– „Lassen Sie mich das für Sie machen."

– „Ich will doch nur Ihr Bestes."
Ziel des Spielers ist es letzten Endes nicht, dem anderen zu helfen, sondern ihm zu beweisen, daß er eigentlich minderwertig ist, sonst würde er einen Retter nicht brauchen.

Verfolger spielen folgende Spiele:
– „Wenn es nicht wegen Ihnen wäre."
  Hier wird dem anderen signalisiert, daß er deswegen nicht o.k. ist, weil man ständig auf ihn Rücksicht nehmen muß.
– „Jetzt habe ich Sie wieder erwischt, Sie Schweinehund."
  Dabei handelt es sich wohl um eines der beliebtesten Verfolger-Spiele, das nicht nur zwischen einzelnen Personen, sondern zwischen ganzen Abteilungen und Unternehmensbereichen laufen kann. Ziel des Spiels ist es in jedem Fall, einen Schuldigen, einen Sündenbock zu finden.
– „Ja, aber."
  Dieses Spiel ist zweifellos eleganter, von der Absicht her ändert sich aber nichts: Der andere hat nicht Recht, der andere ist nicht o.k.

5.4 Anwendungsmöglichkeiten

Es ist unschwer zu erkennen, daß ein nicht unerheblicher Teil des beruflichen Alltags damit verbracht wird, Spiele zu spielen.

Um das Wissen über Gefühlsmaschen, psychologische Rollen und Spiele in der beruflichen Praxis umzusetzen, empfiehlt es sich, sich vor allem selbst die Frage zu stellen, bei welchen Gelegenheiten man in eine Gefühlsmasche hineingerät. Gefühlsmaschen haben im Gegensatz zu authentischen Gefühlen, wodurch ich bei anderen nichts erreichen will, die Eigenart, daß es sich um Gefühle handelt, in die man sich richtig hineinsteigern kann. Wenn ein Mitarbeiter von seinem Chef z.B. dumm angeredet worden ist, dann kann sich der Mitarbeiter zuerst darüber einfach ärgern. Später spricht er dann von einer unglaublichen Unverschämtheit seines Vorgesetzten. Wenn er dann wieder etwas später davon ausgeht, daß sich sein Chef als Vorgesetzter, ja geradezu als Mensch disqualifiziert hat, dann kann der Mitarbeiter sicher sein, daß er das Opfer einer Gefühlsmasche geworden ist.

Eine andere Möglichkeit, um zu überprüfen, ob eine Situation spielfrei ist, besteht darin, sich einfach zu fragen, ob man selbst bereits in einer Rolle ist und ob einem vom Gesprächspartner eine Rolle angeboten wird.

Darüber hinaus stellt sich die entscheidende Frage, wie sich Spiele beenden lassen. Dazu einige Empfehlungen:
- Werden Sie sich klar, daß ein Spiel gespielt wird.
- In welcher Rolle sind Sie, in welcher Rolle ist Ihr Gesprächspartner?
- Hören Sie auf, eine Rolle zu spielen.
- Helfen Sie dem anderen, daß er aus seiner Rolle herauskommt:
  - Stellen Sie Fragen aus dem Erwachsenen-Ich.
  - Geben Sie in Bezug auf Ihre ursprüngliche Rolle unerwartete Antworten.
  - Klären Sie die Beziehungsebene.
- Bei Verfolgern: – Ersetzen Sie negatives Feedback durch positives Feedback.
  – Hören Sie auf, den anderen offen oder verdeckt ins Unrecht zu setzen.
- Bei Opfern: – Hören Sie auf, sich schuldbewußt zu verhalten, sich selbst zu blamieren.
- Machen Sie eine spontane persönliche Bemerkung, erzählen Sie dem anderen über das Gefühl, das Sie gerade haben, aber ohne ihn anzugreifen.
- In Extremfällen: Lassen Sie den anderen stehen.

Wer so vorgeht, bringt sich selbst und den anderen ins Erwachsenen-Ich; spielanalytisch gesehen hört er auf, eine Rolle zu spielen, er ist in keiner Rolle.

5.5 Übungen

5.5.1 Übung „Rollen"

Diese Übung soll Ihnen helfen, psychologische Rollen bzw. Fallen im Alltag besser zu erkennen. Bitte kreuzen Sie spontan Ihre Reaktion auf folgende Situationen an. Was würden Sie tun, was sähe Ihnen ähnlich?

1. Ein Mitarbeiter macht einen Fehler, den er nicht mehr hätte machen dürfen.
   - ○ Sie stauchen ihn zusammen.
   - ○ Sie haben Verständnis und erklären ihm den Fehler.
   - ○ Sie fragen ihn, wie er die Situation sieht.
   - ○ Sie korrigieren stillschweigend den Fehler selbst, weil Sie eine Auseinandersetzung vermeiden wollen.

2. Ein Kollege intrigiert gegen Sie bei Ihrem gemeinsamen Vorgesetzten.
   - ○ Sie tun gar nichts, denn Ihr Vorgesetzter wird schon wissen, ob er Ihrem Kollegen Glauben schenken soll.
   - ○ Sie überlegen sich, wie Sie diesem Kollegen ein Bein stellen können.
   - ○ Sie erklären Ihrem Kollegen, daß Sie nicht sein Feind, sondern sein Freund sind.
   - ○ Sie setzen sich offen und sachlich mit dem Kollegen auseinander.

3. Sie erhalten eine neue Organisationsanweisung, die offensichtlich Unsinn ist.
   - ○ Sie überlegen sich, wie Sie die Anweisung unterlaufen können.
   - ○ Sie fragen bei dem zurück, von dem die Anweisung stammt.
   - ○ Sie denken sich: „Irgend etwas werden die sich dabei sicher gedacht haben."
   - ○ Sie versuchen, das Beste daraus zu machen.

4. Sie werden von Ihrem Chef unsachlich und ungerechtfertigt kritisiert.
   - ○ Sie lassen die Sache auf sich beruhen, weil jedem einmal die Nerven durchgehen können.
   - ○ Sie beschweren sich beim nächsthöheren Vorgesetzten.
   - ○ Sie tun nichts, weil Sie Ihren Chef nicht ändern können.

○ Sie sagen ihm, dass Sie seine Kritik für unsachlich und ungerechtfertigt halten.

5. Sie bekommen einen Termin aufs Auge gedrückt, den Sie ohne erhebliche Überstunden nicht einhalten können.
   ○ Sie beklagen sich bei Ihren Kollegen und bitten Ihre Familie um Verständnis.
   ○ Sie beißen die Zähne zusammen und halten den Termin ein, weil Sie wissen, daß Ihr Chef ebenso unter Druck steht wie Sie.
   ○ Sie halten den Termin zwar ein, arbeiten die Vorlage aber zwangsläufig nicht mit der sonstigen Sorgfalt aus.
   ○ Sie reden mit Ihrem Vorgesetzten darüber, ob er Sie anderweitig entlasten kann.

6. Ein Mitarbeiter kommt ständig zu spät.
   ○ Sie fragen ihn nach der Ursache.
   ○ Sie sagen nichts, weil Sie nicht als Pedant dastehen wollen.
   ○ Sie weisen ihn darauf hin, dass Sie das mit Rücksicht auf seine Kollegen nicht einreißen lassen können.
   ○ Sie übersehen sein Zuspätkommen, weil Sie ihn nicht in Verlegenheit bringen wollen.

7. Einer Ihrer Mitarbeiter beklagt sich darüber, daß Sie ihn zu wenig informieren.
   ○ Sie geben ihm Recht und verweisen auf Ihre eigene Arbeitsüberlastung.
   ○ Sie geben ihm zu verstehen, daß sich ein intelligenter Mitarbeiter die Informationen selbst besorgt, die er braucht.
   ○ Sie fragen ihn, welche Informationen ihm fehlen.
   ○ Sie sagen ihm, daß er froh sein sollte, wenn er nicht alles weiß.

8. Einer Ihrer Kollegen weiß immer alles besser.
   ○ Sie fragen ihn, was er damit erreichen will.
   ○ Sie geben ihm Kontra und widerlegen ihn Punkt für Punkt.
   ○ Sie sagen nichts mehr, weil es doch keinen Sinn hat.
   ○ Sie geben ihm Recht, weil Sie hoffen, daß er sich dann beruhigt.

9. Ihr Chef drückt sich vor Entscheidungen.
   ○ Sie halten ihn für eine Fehlbesetzung.
   ○ Sie wissen, daß er es nicht leicht hat.

○ Sie sagen ihm, daß Sie seine Entscheidung brauchen.
○ Sie können daran auch nichts ändern.

10. Sie müssen im Seminar einen langen Selbsttest mit zehn Situationen ankreuzen.
○ Sie halten den Test für Quatsch.
○ Sie fragen den Referenten nach Sinn und Zweck des Tests.
○ Sie denken sich, Psychologen müssen solche Fragen stellen.
○ Sie denken sich: „Mit uns kann man so etwas ja machen."

Auswertung

1. a) Verfolger-Rolle
   b) Retter-Rolle
   c) *keine Rolle*
   d) Opfer-Rolle

2. a) Opfer-Rolle
   b) Verfolger-Rolle
   c) Retter-Rolle
   d) *keine Rolle*

3. a) Verfolger-Rolle
   b) *keine Rolle*
   c) Opfer-Rolle
   d) Retter-Rolle

4. a) Retter-Rolle
   b) Verfolger-Rolle
   c) Opfer-Rolle
   d) *keine Rolle*

5. a) Opfer-Rolle
   b) Retter-Rolle
   c) Verfolger-Rolle
   d) *keine Rolle*

6. a) *keine Rolle*
   b) Opfer-Rolle
   c) Verfolger-Rolle
   d) Retter-Rolle

7. a) Opfer-Rolle
   b) Verfolger-Rolle
   c) *keine Rolle*
   d) Retter-Rolle

8. a) *keine Rolle*
   b) Verfolger-Rolle
   c) Opfer-Rolle
   d) Retter-Rolle

9. a) Verfolger-Rolle
   b) Retter-Rolle
   c) *keine Rolle*
   d) Opfer-Rolle

10. a) Verfolger-Rolle
    b) *keine Rolle*
    c) Retter-Rolle
    d) Opfer-Rolle

5.5.2 Übung „Mein Drama-Dreieck"

1. Mit wem in Ihrem beruflichen Umfeld haben Sie immer wieder Schwierigkeiten, Probleme und Spannungen? Beschränken Sie sich bitte auf diesen einen Fall.
2. Wie lange geht das schon so?
3. In welcher Rolle sind dabei Sie, in welcher ist der andere?
4. Wer ist, möglicherweise sehr verdeckt, in der im Augenblick noch unbesetzten dritten Rolle? Wer bietet sich an? So gibt es z.B. bei Verfolger-Opfer-Spielen in aller Regel einen Retter im Hintergrund.
5. Wie könnte man mit einem Kurztitel das Spiel bezeichnen, das läuft?
6. Bei welchen Gelegenheiten können Sie damit beginnen, das Spiel zu beenden?
7. Wie?
8. Was werden Sie in Zukunft anders machen als bisher?

6. Beachtung/Feedback

6.1 Beispiel

Ein Vorgesetzter gibt einem Mitarbeiter eine Ausarbeitung zurück, die dieser ihm vor einigen Tagen vorgelegt hatte. Reaktion des Vorgesetzten:

a) Er sagt überhaupt nichts.
b) „Ihre Ausarbeitung kann man vergessen."
c) „Ihre Vorschläge hätten Sie überzeugender begründen sollen."
d) „Ihre Ausarbeitung finde ich toll."
e) „Ihre Ausarbeitung finde ich gut, denn sie enthält alles Wesentliche."
f) „Ihre Ausarbeitung finde ich sehr gut. Besonders gut gefallen hat mit, wie Sie Ihre Vorschläge begründet haben."

Eine Situation und sechs verschiedene Formen, dem Mitarbeiter Beachtung bzw. Feedback (Rückmeldung oder Rückkoppelung) zu geben:

a) In diesem Falle bekommt der Mitarbeiter *überhaupt kein Feedback*. Er weiß nicht, wie er dran ist.
Wenn Feedback, gleichgültig ob positiv oder negativ, verweigert wird, dann wird damit beim Betroffenen eines der wesentlichsten Grundbedürfnisse, nämlich das nach Bestätigung, völlig ignoriert.
Beachtung wird dann evtl. durch ein krasses Verhalten erzwungen. Kinder, um die sich niemand kümmert, sterben (Hospitalismus), oder sie stellen etwas an, um die Beachtung der Erwachsenen zu erzwingen. Erwachsene im Beruf reagieren ähnlich: Der Mitarbeiter kündigt scheinbar „aus heiterem Himmel", begeht völlig unverständlich eine Unterschlagung, verrät Firmengeheimnisse u.ä.
Um nicht in derartige hoffnungslose Situationen zu kommen, lernt eine ganze Reihe von Menschen schon frühzeitig, sich so zu verhalten, daß sie immer wieder Kritik auf sich ziehen. Denn auch die vernichtendste Zurückweisung und Beschimpfung ist – psychologisch gesehen – immer noch besser als gar kein Feedback.

b) Hier handelt es sich um ein Beispiel für eine *bedingungslos negative Beachtung*. Die Auswertung wird in Bausch und Bogen abgelehnt.

Die Zurückweisung ist nicht an eine Bedingung bzw. Begründung geknüpft. Ein derartiges Feedback-Verhalten kann zu totaler Verunsicherung oder zu versteckter oder offener Rebellion des Mitarbeiters führen.

c) Bei diesem Beispiel ist die *negativ Beachtung an eine Bedingung geknüpft*, die nicht erfüllt worden ist. Man spricht in diesem Falle von bedingt negativer Beachtung.
Eine Führungskraft, die hauptsächlich mit dieser Art von Feedback arbeitet, züchtet Mitarbeiter, die schon froh sind, wenn sie nicht kritisiert werden. Bei fehlender Kritik erwartet möglicherweise die Führungskraft, daß das von den Mitarbeitern bereits als Anerkennung bewertet wird.
Gravierend an diesem Vorgehen ist, daß Mitarbeiter mit zunehmender negativer Leistungsmotivation reagieren. Im Gegensatz zu einer positiven Leistungsmotivation, bei der sich jemand anstrengt, weil er Aussicht auf Erfolg hat, arbeitet jemand im negativen Falle vor allem deswegen, weil er Mißerfolg, Kritik und Bestrafung im weitesten Sinne vermeiden will.

d) Hier drückt die Führungskraft *bedingungslos ihre Anerkennung* aus. Bedingungslos positive Beachtung wirkt zweifellos am überzeugendsten. Wer diese Art von Feedback als Vorgesetzter aber überstrapaziert, bestätigt zwar den Mitarbeiter als Menschen, läßt ihn aber im Unklaren darüber, wie seine Leistung beurteilt wird.

e) In diesem Falle handelt es sich um *bedingt positives Feedback*. Die Anerkennung wird begründet, eine Bedingung, nämlich die, daß die Ausarbeitung alles Wesentliche enthalte, ist erfüllt.
Arbeitet eine Führungskraft ausschließlich mit dieser Art von Feedback, dann weiß zwar der Mitarbeiter, wie er dran ist, aber als Mensch fühlt er sich nicht beachtet, weil nur seine Leistung oder Anpassung belohnt wird.

f) Hier wird auf der Basis *bedingungsloser positiver Beachtung* auch *bedingte Anerkennung* ausgesprochen. Der Mitarbeiter fühlt sich als Mensch akzeptiert, und durch gezielte Anerkennung und Kritik weiß er, was von ihm erwartet wird.
Wichtig ist dabei die Reihenfolge, mit der die verschiedenen Formen von Feedback aufeinander folgen. Zuerst wird ein Vertrauensverhältnis durch unbedingt positives Feedback hergestellt. Auf dieser Basis

kann auch mit bedingt negativem Feedback gearbeitet werden, denn der Mitarbeiter weiß, daß er auch bei einem Fehler nicht „fertiggemacht" wird.

6.2 Definition

> Feedback bedeutet, daß damit die Existenz eines anderen registriert und beachtet wird.

Der Begriff wird wertfrei benutzt, denn erst die Art des Feedback entscheidet darüber, ob diese Beachtung positiv oder negativ erlebt wird.

6.3 Erläuterung

Um sich über sein eigenes Feedback-Verhalten klar zu werden, lohnt es, sich über die Entstehung und Wirkung individueller Feedback-Verhaltensmuster klar zu werden.

In der Kindheit sind zwei verschiedene Weichenstellungen möglich:
- Eltern geben einem Kind überwiegend bedingt positives oder negatives Feedback. Damit werden erwünschte Verhaltensweisen verstärkt bzw. unerwünschte gelöscht. Oder die Eltern geben einem Kind überwiegend unbedingtes positives Feedback, das zu einer Stärkung des Selbstwertgefühls führt.
- Das Kind lernt dadurch, wie es sich verhalten muß, um beachtet zu werden, um Feedback zu bekommen. Im Falle des bedingten Feedback wird es zunehmend Rollenerwartungen gerecht; es verhält sich perfekt, schnell, gefällig, blöd, langsam u. ä. Bei unbedingtem positiven Feedback verhält es sich zunehmend so, wie es ist.
- Dieses Verhalten wird beim Erwachsenen beibehalten:
  - Wer überwiegend bedingtes Feedback bekommen hat, wird auch später als Führungskraft überwiegend bedingtes Feedback geben. Die Mitarbeiter wiederum gehen in ein häufig unproduktives Rollenverhalten, sie passen sich an oder gehen.
  - Wer überwiegend unbedingtes positives Feeback erhalten hat, kann es sich eher leisten, anderen bedingungsloses Feedback zu

geben. Ein unproduktives Rollenverhalten der Mitarbeiter wird überflüssig.

Obwohl zumindest rational klar ist, daß wir ohne Feedback kaum lebensfähig sind, treten beim Geben und Annehmen von Feedback erhebliche psychologische Schwierigkeiten auf, da es besonders im Zusammenhang mit dem Aussprechen und Akzeptieren von Anerkennung eine Reihe hindernder Eltern-Botschaften gibt:

– Das Geben von Feedback wird bei Erwachsenen allgemein als weniger peinlich als das Annehmen empfunden. Denn wenn jemand gelobt wird, stellen sich aufgrund der Antreiber sofort Selbstzweifel ein: Habe ich die Anerkennung verdient, bin ich wirklich gut? Aufschlußreich sind hier die Reaktionen auf Dank (sich Bedanken ist eine Form des positiven Feedback). Dank wird nämlich häufig abgewertet mit Floskeln wie „Nicht der Rede wert", „Ich habe nur meine Pflicht getan" u. ä. Damit beginnt eine Entwicklung, die darin gipfelt, daß jemand, der sich so verhält, kein positives Feedback mehr erhält, weil, auf Sicht gesehen, niemand mehr Lust hat, sich diese abwertenden Bemerkungen anzuhören.
Aber nicht nur Anerkennung von anderen kann auf Mißtrauen stoßen, auch man selbst darf sich häufig nicht positiv sehen, denn „Eigenlob stinkt".

– Beim Geben von Feedback haben wir es mit der Schwierigkeit zu tun, daß wir glauben, jede Anerkennung müsse echt, tief, umfassend und ehrlich sein. Anerkennung kann daher nur bei weit überdurchschnittlichen Leistungen ausgesprochen werden. Damit ist bereits ausgeschlossen, daß auch durchschnittliche Leistungen anerkannt werden.

6.4 Anwendungsmöglichkeiten

Damit sich hier etwas ändert, ist es notwendig, sich selbst einige Fragen vorzulegen:

– Wie sparsam bzw. wie großzügig gehe ich mit Feedback um?
– Welche Bedingungen müssen erfüllt sein, damit ich positives oder negatives Feedback gebe?
– Was hält mich möglicherweise davon ab, im konkreten Fall Feedback zu geben, sei es positiv oder negativ?

- Welche Formen des Feedback sind in meiner Umgebung üblich?

Gerade die letzte Frage kann wichtige Aufschlüsse bringen, denn Feedback wird nicht nur in Form offener Kritik oder Anerkennung gegeben.

Zu den Zwischentönen zählt z. B. das bereits erwähnte Abwerten, das in folgenden Formen auftreten kann:

- Das Vorhandensein eines Problems wird geleugnet, oder dem Problemträger wird signalisiert, daß das, was er als Problem sieht, gar keines ist.
- Die Lösbarkeit eines Problems wird in Zweifel gezogen; Lösbares wird als Unlösbares hingestellt.
- Dem Problemträger wird bedeutet, daß seine Fähigkeiten nicht ausreichen, das Problem zu lösen.

6.5 Übung

1. Schreiben Sie 3 Personen (Mitarbeiter und Kollegen) auf, mit denen Sie eng zusammenarbeiten (siehe folgendes Übersichtsblatt).
2. Wann haben Sie zuletzt diesen Personen positives Feedback gegeben?
3. Was war der Grund dafür (Leistungssteigerung, Anwesenheit, Verhalten usw.)?
4. Wann haben Sie zuletzt jeder dieser Personen ein negatives Feedback gegeben?
5. Was war der Grund dafür?
6. Wie groß ist der Prozentsatz der positiven und negativen Feedbacks pro Person?
7. Neigen Sie dazu, einen bestimmten Ich-Zustand im anderen anzusprechen, wenn Sie positives Feedback geben?
Wenn ja, welchen?
8. Wie verhält sich jede dieser Personen gewöhnlich Ihnen gegenüber?
9. Besteht zwischen Ihrem Feedback und diesen Verhaltensweisen ein Zusammenhang?
10. Welche Ihrer Verhaltensweisen wollen Sie in Zukunft ändern, wenn Sie mit ihnen in Kontakt kommen?

1	2	3	4	5	6		7	8	9	10
Person	Positives Feedback	Wofür?	Negatives Feedback	Wofür?	% neg.	% pos.	Ich-Zustand	Verhalten Ihnen gegenüber	Zusammenhang	Ihre Verhaltensänderung
1										
2										
3										

7. Lebenspositionen

7.1 Beispiel

Ein Verkäufer steht vor einem schwierigen Gespräch mit einem Kunden. Er kann in dieser Verhandlung mit folgenden Einstellungen hineingehen:

a) „Warum soll ich mich eigentlich noch groß um diesen arroganten Zentraleinkäufer bemühen, wenn ich weiß, daß ich ihn doch nicht von meinem Angebot überzeugen kann?"
b) „Ob der andere will oder nicht: Dem werde ich mein Angebot verkaufen. Letzten Endes muß er ja bei mir kaufen."
c) „Vor solchen Gesprächen habe ich immer ein ungutes Gefühl. Als Abnehmer ist der andere einfach in einer stärkeren Position als ich."
d) „Schließlich bin ich als Verkäufer dazu da, auch schwierige Kunden überzeugen zu können. Darüber hinaus ist es ja nicht so, daß man mit einem Einkäufer nicht reden und ihm dabei helfen könnte, seinen Vorteil zu erkennen."

7.2 Definition

Lebenspositionen sind Grundeinstellungen sich selbst und anderen gegenüber.

Das bedeutet nicht, daß jemand immer nur eine bestimmte Position einnimmt. Es kann aber sein, besonders dann, wenn er in Schwierigkeiten ist, daß er eine bestimmte Position häufiger als andere belegt.

7.3 Erläuterung

Im Beispiel a) wird eine Einstellung, die man, auf einen kurzen Nenner gebracht, als
„Ich bin nicht o. k., Du bist nicht o. k." (–/–)
bezeichnet.

Unser Verkäufer bezeichnet seinen Gesprächspartner als arrogant und sich selbst bescheinigt er Unfähigkeit.

Menschen mit dieser Grundeinstellung leben mit der Überzeugung, daß das Leben keinen Sinn hat. Sie resignieren, sie verlieren die Hoffnung, sie verzweifeln. Ihr Endziel ist der Tod bzw. der Selbstmord.

Das klingt kraß. Aber wir alle haben schon andere kennengelernt, die eine Atmosphäre des Sarkasmus und des schwarzen Humors um sich herum verbreiten: „Was beschweren Sie sich über sinnlose Arbeit? Mein Job hier ist auch sinnlos!"

Eine derartige Lebensposition kann entstehen, wenn einem Kind frühzeitig durch seine Umgebung vermittelt wird, daß es unerwünscht oder zu nichts zu gebrauchen sei.

Im Beispiel b) agiert der Verkäufer aus einer Position der vermeintlichen Überlegenheit heraus:

„Ich bin o. k., Du bist nicht o. k." (+/–)

Dahinter verbirgt sich nicht selten eine Einstellung, die wir als arrogant bezeichnen können. Fehler machen nur andere, wenn etwas schiefgeht, sind grundsätzlich die anderen schuld. Andere sind vor allem dazu da, den Menschen mit dieser Einstellung zu loben, zu bewundern, ihn zu „streicheln". Dieses positive Feedback kann aber leider nicht voll akzeptiert werden, denn es kommt von Leuten, die selbst, in der Wahrnehmung des +/– -Menschen, nicht in Ordnung sind.

Die Entwicklung einer derartigen Lebensposition hängt damit zusammen, daß der Betreffende schon in der Kindheit anderen überlegen sein mußte:

– „Sei perfekt."
– „Sei besser als andere."
– „Strenge dich mehr an."
– „Mache nie einen Fehler."

Diesen, im wahrsten Sinne des Wortes, unmenschlichen Forderungen kann niemand objektiv gerecht werden. Aber man kann den vergeblichen Versuch unternehmen, wenigstens den Schein zu wahren. Von daher wird auch deutlich, daß hinter dieser +/– -Position häufig auch die Position –/+ stehen kann.

Das Beispiel c) macht das deutlich. Die Lebenseinstellung „Ich bin nicht o. k., Du bist o. k." (–/+) läßt den Betreffenden immer wieder aus einer Position der vermeintlichen Unterlegenheit heraus handeln. Menschen mit dieser Einstellung haben ein schwach ausgeprägtes Selbstwertgefühl; sie schließen sich selbst aus, sie trauen sich nicht, das Leben hat für sie keinen großen Wert. Sie sind anderen gegenüber deswegen nicht böse, sie werden nicht aggressiv, sondern sie richten die Aggression gegen sich selbst, indem sie sich umbringen, in Unfälle verwickelt werden oder sich selbst von ihrer Umwelt isolieren.

Menschen dieser Art mußten mit vielen Nicht-o. k.-Eltern-Botschaften aufwachsen:

– „Aus Dir wird nie etwas."
– „Sei blöd."
– „Sei faul."
– „Mach' Fehler."
– „Schaff' es nicht."

Das klingt sicherlich wiederum übertrieben drastisch. Und wir können auch davon ausgehen, daß Eltern einem Kind nicht wortwörtlich sagen werden „Sei blöd". Aber Eltern können diese Botschaft einem Kind auch auf weniger direkte Art vermitteln.

Sie tun dies beispielsweise dann, wenn sie Fragen hinhaltend und nichtssagend beantworten oder dem Kind signalisieren, daß es noch zu klein sei, um etwas zu verstehen. Oder aber, sie reagieren ausgesprochen allergisch und gereizt, wenn ein Kind sie auf Inkonsequenzen in ihrem Verhalten aufmerksam macht. Eine Mutter verlangt von einem Kind z. B. Ordnung im Kinderzimmer, ist selbst aber nicht in der Lage, die Küche in einen einigermaßen hygienischen Zustand zu bringen.

Ähnliches kann in Organisationen passieren:

– Auf der einen Seite muß z. B. eisern gespart werden, Leute werden entlassen, auf der anderen Seite entstehen durch vorhersehbare Fehlentscheidungen Millionenverluste.
– Nachweislich schwache Vorgesetzte werden in Spitzenpositionen befördert.

Für einen durchschnittlichen Mitarbeiter, der in aller Regel auch unter Informationsmangel leidet, ist so etwas nicht mehr zu begreifen. Die Organisation sendet damit die Botschaft „Denke nicht" oder, negativer formuliert, auch die Botschaft „Sei blöd" aus.

Im Falle des Beispiels d) haben wir es mit der Lebensposition „Ich bin o. k., Du bist o. k." (+/+) zu tun. Der Verkäufer traut es sich zu, auch einen schwierigen Kunden zu überzeugen. Im Einkäufer sieht er einen Menschen, der durch gute Argumente beeinflußt werden kann.

Diese positive Grundeinstellung sich selbst und anderen gegenüber hat nichts mit Naivität zu tun. Denn die +/+-Lebensposition ist gleichbedeutend damit, daß jemand realistisch denkt und entscheidet, daß er weiß, was er will, daß er sich für seine Ziele einsetzt, daß er die Verantwortung übernimmt und anderen vertraut, solange ihm nicht in krasser Weise die Basis für sein Vertrauen entzogen wird.

7.4 Anwendungsmöglichkeiten

Um sich in Richtung einer realistischen Lebensposition „Ich bin o.k. – Du bist o.k." zu entwickeln, genügt es bereits, einige der Anregungen aufzugreifen, die in den vorangegangenen Abschnitten bereits gegeben wurden.

Darüber hinaus kann diese +/+ – realistisch – Position dadurch vorerst erreicht werden, indem man genauer hinsieht und besser differenziert. Das kann bedeuten:

– ein genaueres Unterscheiden zwischen Person und Situation.

Daß menschliches Verhalten auch situations- und nicht nur persönlichkeitsbedingt ist, wird häufig übersehen. Werden unsere Erwartungen nicht erfüllt, ärgern wir uns über einen anderen, sehen wir die Ursache vor allem in der Persönlichkeit des anderen. Der Umstand, daß der andere aus einer bestimmten Situation heraus gar nicht anders handeln konnte, entgeht unserer Wahrnehmung.

– ein genaueres Unterscheiden zwischen Person und Funktion.

Persönlichkeit und Funktion fließen in unserer Wahrnehmung häufig zusammen. D.h., ein Revisor oder ein Controller z.B. wird

„zwangsläufig" als ein Mensch wahrgenommen, dem es Spaß macht, andere zu kontrollieren, auf Fehler hinzuweisen und zu kritisieren. Signalisieren wir ihm unsere negative Einstellung, dann brauchen wir uns nicht zu wundern, wenn der andere nach dem Prinzip der sich selbst erfüllenden Vorhersage ebenfalls zunehmend negativ reagiert – und zwar unabhängig davon, wie er ursprünglich wirklich war.

7.5 Übung „Einstellungen"

1. Denken Sie an 3 Personen, mit denen Sie beruflich häufig Kontakt haben und zu denen Ihr Verhältnis nicht ganz unbelastet ist.
2. Welche Einstellung haben Sie zu diesen Personen?
3. Welche Einstellung haben Sie dabei sich selbst gegenüber?
4. Wie und in welchen Situationen zeigt sich das?
5. Welche konkreten Möglichkeiten haben Sie, gegenüber dieser Person eher eine Lebensposition „Ich bin o.k. – Du bis o.k." realistisch zu erreichen?

1. Person	2. Ihre Einstellung zum anderen	3. Ihre Einstellung sich selbst gegenüber	4. Wie zeigt sich das?	5. Ihre Möglichkeiten

8. Änderungsvertrag

Nachdem bereits am Anfang dieses Heftes (1.5 Über den Umgang mit diesem Heft) ein kleiner Änderungsvertrag stand, bildet den Abschluß ein richtiger Änderungsvertrag mit 9 aufeinanderfolgenden Schritten.

Änderungsverträge sind Aktionspläne zur Veränderung von Gefühlen, Einstellungen und Verhaltensweisen, die man mit sich selbst abschließt.

1. Was will ich wirklich ändern?

   Änderungswünsche sollten so konkret wie möglich formuliert werden und sich auf Änderungen beziehen, die kurzfristig realisiert werden können. Mit einem Änderungswunsch, „Ich will mich in Zukunft gegenüber Mitarbeitern weniger autoritär verhalten", ist praktisch nichts anzufangen, denn damit ist nur ausgesagt, was der Betreffende nicht will. Was er will, bleibt unklar. Darüber hinaus: Was heißt „weniger autoritär"?
   Wesentlich konkreter dagegen ist der Änderungswunsch „Ich will dem Mitarbeiter XY in Zukunft zuhören und ihn ausreden lassen."

2. Was will ich in Zukunft nicht mehr machen?

3. Welche psychologischen Vorteile habe ich aus meinem bisherigen Gefühl, meiner bisherigen Einstellung, meinem bisherigen Verhalten?

   Das bisherige Verhalten war, auch wenn es noch so kaputt war, mit echten und eingebildeten Vorteilen verbunden. Wäre dem nicht so, hätte man sich gleich anders verhalten.
   Vorteile aus einem Verhalten, das man ändern möchte, laufen – stark vereinfacht – meist darauf hinaus, daß man damit Anerkennung und Selbstbestätigung durch andere erreichen möchte.
   Z. B. jemand, der das Spiel „Gehetzt" spielt, nie Zeit hat, ständig unterwegs und völlig überarbeitet ist, hat daraus nicht nur Nachteile. Er versucht damit, seine Umgebung zu Bewunderung und Rücksichtnahme zu zwingen. Auf Dauer wird ihm das aber nicht gelingen. Durch sein Verhalten erreicht er möglicherweise genau das Gegenteil dessen, was er erreichen will.

4. Wie kann ich diese Vorteile auch durch ein anderes Gefühl, eine andere Einstellung, ein anderes Verhalten haben?

   Hier wird man in vielen Fällen erkennen, daß es wesentlich einfachere und humanere Wege gibt, Bestätigung zu bekommen.

5. Was tue ich konkret, um dieses Ziel zu erreichen?
6. Woran merken die anderen, daß ich mich geändert habe?

   Diese Frage lautet bewußt nicht, woran man es selbst merken könnte, daß man sich geändert hat. Denn bei dieser Fragestellung kann einem wiederum die eigene Wahrnehmung einen erheblichen Streich spielen.

7. Wie werde ich mich möglicherweise selbst überlisten, um den Vertrag nicht erfüllen zu müssen?

   Häufig genügt eine Kleinigkeit, eine bestimmte Situation, ein bestimmter Anruf – und man hat einen scheinbar plausiblen Grund, den Vertrag nicht erfüllen zu können. Dabei legt man sich selbst herein.

8. Welche Schwierigkeiten sind von anderer Seite zu erwarten?
9. Termin für die erste Überprüfung, ob ich den Änderungsvertrag eingehalten habe.

   Die Frist sollte nicht länger als 4 Wochen sein. Besser noch ist ein Termin während der nächsten 14 Tage.

9. Literaturverzeichnis

Bennett, Dudley	Im Kontakt gewinnen durch Transaktions-Analyse als Führungshilfe, 2. Auflage, Heidelberg 1986
Berne, Eric	Spiele der Erwachsenen, Hamburg 1975
ders.	Sprechstunde für die Seele, Hamburg 1979
ders.	Struktur und Dynamik von Organisationen und Gruppen, München 1979
ders.	Was sagen Sie, nachdem Sie guten Tag gesagt haben?, 9. Auflage, München 1994
Harris, Thomas A.	Ich bin o. k. – Du bist o. k., Hamburg 1975
James, Muriel/ Jongeward, Dorothy	Spontan leben, Hamburg 1986
Lapworth, P./ Sills, S./Fisch, S.	Transactional Analysis Counselling, Bicester, England 1993
Meininger, Jut	Transaktionsanalyse. Die neue Methode erfolgreicher Menschenführung, 4. Auflage, München 1992
Petzold, H./ Paula, M. (Hrsg.)	Transaktionsanalyse und Skriptanalyse, Hamburg 1976
Rogoll, R.	Nimm dich wie du bist, 4. Auflage, Freiburg 1994
Rüttinger, Rolf	Selbstsicherheitstraining, München 1987
Rüttinger, Rolf/ Kruppa, Reinhold	Übungen zur Transaktionsanalyse, 3. Auflage, Hamburg 2000
Schlegel, Leonhard	Grundriß der Tiefenpsychologie, Band V, Die Transaktionale Analyse nach Eric Berne und seinen Schülern, München 1979
Stewart, Ian/ Joines, Vann S.	Die Transaktionsanalyse. Eine neue Einführung in die TA, 3. Auflage, Freiburg 1993

Praxisbezogen!

Betriebs Berater
MANAGEMENT

Coaching und Führung
Orientierungshilfen und Praxisfälle

Von Dipl.-Soz. **Michael Pohl** und **Michael Wunder**.
2., überarbeitete Auflage 2005,
105 Seiten, mit 18 Tools, Abbildungen und Übersichten
Kt. € 12,- / ISBN 3-8005-7320-2
Arbeitsheft

■ Führungskräfte erhalten selbst oft nicht genug Feedback. Ausgehend von dem Grundsatz „wer führen will, braucht Coaching" wird in diesem Buch dargelegt, wie und in welchem Bereich Coaching zur Stabilisierung und Steigerung von Führungsqualität beiträgt, welche Grundsätze und Vorgehensweisen sich dabei bewährt haben und wie die einzelnen Schritte aussehen.

■ Die Autoren stellen bewährte Coaching-Tools vor, die drei zentrale Feedback- und Kompetenzebenen berücksichtigen: Führungssouveränität, Kollegialität und „selbst Untergebener sein können". Ferner beschreiben und analysieren sie anhand unterschiedlicher Praxisfälle, wie Coaching effektiv umgesetzt werden kann. Die Erfahrungen, die in diesem Buch einfließen, stammen aus der Beratungstätigkeit für Organisation und Unternehmen, Hochschulen, Fachkliniken, Verbände, Kirchen und kommunale Ämter.

Recht und Wirtschaft
Verlag des Betriebs-Berater

Ein Unternehmen der Verlagsgruppe Deutscher Fachverlag